辽河油田公司培训系列丛书

油气田现场变频器技术应用

辽河油田公司党委组织部/人力资源部　编

石油工业出版社

内 容 提 要

本书结合辽河油田生产设备变频调速应用特点，系统介绍了低压变频器在油气田实际生产中的应用。全书共分七章，包括电力电子基础、变频调速基础知识、变频器基础应用、变频器的投入运行、变频器控制基础应用、变频器数字化应用、变频器应用实操等内容。本教材聚焦于变频器的现场应用，以实用性为原则，并未过多地展开原理性分析。

本教材可作为油气田维修电工技能培训用书，也可供工作在维修电工岗位上、具有一定电工基础的员工学习参考。

图书在版编目（CIP）数据

油气田现场变频器技术应用 / 辽河油田公司党委组织部 / 人力资源部编 . —北京：石油工业出版社，2024.11

（辽河油田公司培训系列丛书）

ISBN 978-7-5183-7130-3

Ⅰ. TE94

中国国家版本馆 CIP 数据核字第 20249P2V74 号

出版发行：石油工业出版社
　　　　（北京朝阳区安华里 2 区 1 号楼　100011）
　　　网　　址：www.petropub.com
　　　编辑部：（010）64256770
　　　图书营销中心：（010）64523633
经　　销：全国新华书店
印　　刷：北京中石油彩色印刷有限责任公司

2024 年 11 月第 1 版　2024 年 11 月第 1 次印刷
710×1000 毫米　开本：1/16　印张：14.5
字数：260 千字

定价：50.00 元
（如出现印装质量问题，我社图书营销中心负责调换）

版权所有，翻印必究

《油气田现场变频器技术应用》编委会

主　　任：杨立龙

副 主 任：滕立勇

委　　员：任延哲　王　强　潘瑞生　平庆东　李树山
　　　　　刘　辉　朱健辉　王　亮　雷广发

《油气田现场变频器技术应用》编审人员

主　　编：刘海林

副 主 编：樊泽辉

编写人员：（按姓氏笔画排序）

　　　　　刘建辉　闫文文　李晓东

审核人员：（按姓氏笔画排序）

　　　　　王　革　王　猛　王加富　刘　胜　刘宝庆
　　　　　李昕桥　沈　建　沈　鑫　宋　鸽　张宏波
　　　　　赵　源　赵海龙　徐宏权　谢雨桐　滕　慧

前 言

在工控领域，变频器已经广泛应用。各油气田油田抽油机、泵类的电气控制已经大量使用变频器，普及率达到 80% 以上。一线电气运维人员对变频器专业知识的了解和掌握得不够深，因此需要开发一本教材供其学习和使用。

本教材是辽河油田公司培训系列丛书之一，教材共分为七章节。第一章介绍电力电子基础，包括电力电子器件的工作原理、基本特征、主要参数。内容主要针对变频器实际应用进行介绍。第二章介绍变频调速基础知识，包括变频器发展历程；变频器使用中的安全问题；三相异步电动机调速方案；负载转矩类型与变频器控制方式；变频器应用技术等内容。第三章介绍变频器基础应用，包括变频器的选择；变频器外围设备的选择及作用；变频器的安装布线；变频器常见故障报警及需定期更换的部件等内容。第四章介绍变频器的投入运行，包括通电前的检查；系统功能的设定及注意事项；变频器试运行；变频器的检查与维护保养；变频器投运前测量等内容。第五章介绍变频器控制基础应用，包括变频器基本控制电路；变频器在游梁式抽油机上的应用等内容。第六章介绍变频器数字化应用，包括变频器 PID 功能及其应用；变频器与 PID 智能仪表；变频器与 PLC；变频器通信知识，变频器涉及的数制与编码；变频器通信应用；变频器与触摸屏通信等内容。第七章介绍变频器控制应用实操，提供控制面板操作与面板运转变频器操作等十三个项目，作为变频器应用实际操作指导。附录部分提供变频器技术应用操作技能考核评分记录表，变频器控制参数记录表及异常诊断方法。

本教材在编写过程中，得到辽河油田公司组织人事部门、生产运行部、高升采油厂培训部门的大力支持以及油田内部部分行业专家的指导和帮助，在此表示感谢。

由于编写人员能力有限，书中难免存在缺点和不足之处，敬请批评指正。

编者
2024 年 10 月

目 录

第一章 电力电子基础 ... 1
- 第一节 电力电子器件 ... 3
- 第二节 整流电路 ... 31
- 第三节 电力电子变压变频电路 ... 35
- 第四节 PWM 控制的基本原理 ... 38

第二章 变频调速基础知识 ... 43
- 第一节 变频器发展历程 ... 45
- 第二节 变频器使用中的安全问题 ... 46
- 第三节 三相异步电动机调速方案 ... 48
- 第四节 负载转矩类型与变频器控制方式 ... 52
- 第五节 变频器应用技术 ... 56
- 第六节 变频器的显示面板 ... 64
- 第七节 变频器基本构成与三相变频器整机电路 ... 67

第三章 变频器基础应用 ... 73
- 第一节 变频器的选择 ... 75
- 第二节 变频器外围设备的选择及作用 ... 79
- 第三节 变频器的安装与接线 ... 90
- 第四节 变频器常见故障 ... 96
- 第五节 需定期更换的部件 ... 100

第四章 变频器的投入运行 ... 103
- 第一节 通电前的检查 ... 105
- 第二节 系统功能的设定及注意事项 ... 107
- 第三节 变频器试运行 ... 112
- 第四节 变频器的检查与维护保养 ... 114
- 第五节 变频器投运前测量 ... 122

第五章 变频器控制基础应用 ... 127
第一节 变频器基本控制电路 ... 129
第二节 变频器在游梁式抽油机上的应用 ... 136

第六章 变频器数字化应用 ... 141
第一节 变频器 PID 功能及其应用 ... 143
第二节 变频器与 PID 智能仪表 ... 148
第三节 变频器与 PLC ... 149
第四节 变频器通信知识 ... 159
第五节 变频器涉及的数制与编码 ... 168
第六节 变频器通信应用 ... 172
第七节 变频器与触摸屏通信 ... 174

第七章 变频器控制应用实操 ... 179
第一节 变频器电气元件、基本参数及主回路原理 ... 181
第二节 安装电动机正转运行电路 ... 183
第三节 变频器两线制(模式二)控制电动机正反转电路 ... 185
第四节 变频器三线制控制电动机正转运行电路 ... 187
第五节 继电器控制变频调速电路 ... 189
第六节 变频器控制电动机正反转及多段速电路 ... 191
第七节 变频器控制电动机正反转及自动多段速电路 ... 193
第八节 变频器继电器控制工频/变频控制电路 ... 196
第九节 变频器数字输入端子综合应用控制电路 ... 199
第十节 变频器与智能化仪表综合应用控制电路 ... 201
第十一节 用 PLC 控制的工频与变频转换控制电路 ... 203
第十二节 变频器与触摸屏综合应用控制电路 ... 206
第十三节 变频器内置 PID 功能应用控制电路 ... 208

附录 ... 211
附录一 变频器技术应用操作技能考核评分记录表 ... 213
附录二 变频器控制参数记录表 ... 214
附录三 异常诊断方法 ... 215

参考文献 ... 221

第一章
电力电子基础

第一节 电力电子器件

一、电力电子器件概述

电力电子器件又称为功率半导体器件，主要用于电力设备的电能变换和控制电路方面大功率的电子器件（通常指电流为数十至数千安，电压为数百伏以上）。

20世纪50年代，电力电子器件主要是汞弧闸流管和大功率电子管。20世纪60年代发展起来的晶闸管，因其工作可靠、寿命长、体积小、开关速度快，从而在电力电子电路中得到广泛应用。20世纪70年代初期，汞弧闸流管已逐步被取代。20世纪80年代，普通晶闸管的开关电流已达数千安，能承受的正向、反向工作电压达数千伏。在此基础上，为适应电力电子技术发展的需要，又开发出门极可关断晶闸管、双向晶闸管、光控晶闸管、逆导晶闸管等一系列派生器件，以及单极型MOS功率场效应晶体管、双极型功率晶体管、静电感应晶闸管、功能组合模块和功率集成电路等新型电力电子器件。

各种电力电子器件均具有导通和阻断两种工作特性。功率二极管是两端（阴极和阳极）器件，其器件电流由伏安特性决定，除了改变加在两端间的电压外，无法控制其阳极电流，故称为不可控器件。普通晶闸管是三端器件，其门极信号能控制元件的导通，但不能控制其关断，称为半控型器件。可关断晶闸管、功率晶体管等器件，其门极信号既能控制器件的导通，又能控制其关断，称为全控型器件。后两类器件控制灵活，电路简单，开关速度快，广泛应用于整流、逆变、斩波电路中，是电动机调速、发电动机励磁、感应加热、电镀、电解电源、直接输电等电力电子装置中的核心部件。这些器件构成装置不仅体积小、工作可靠，而且节能效果十分明显（一般可节电$10\% \sim 40\%$）。

单个电力电子器件能承受的正向、反向电压是一定的，能通过的电流大小也是一定的。因此，由单个电力电子器件组成的电力电子装置容量受到限制。所以，在实际应用中几个电力电子器件串联或并联形成组件，其耐压和通流的能力可以成倍提高，从而可极大地增加电力电子装置的容量。器件串联时，希望各元件能承受同样的正向、反向电压；并联时，则希望各元件能分担同样的电流。但由于器件的个异性，串联、并联时，各器件并不能完全均匀地分担电压和电流。所以，在电力电子器件串联时，要采取均压措施；在并联时，要采取均流措施。

电力电子器件工作时，会因功率损耗引起器件发热、升温。温度过高将缩短器件寿命，甚至烧毁，这是限制电力电子器件电流、电压容量的主要原因。为此，必须考虑器件的冷却问题，常用的冷却方式有自冷式、风冷式、液冷式（包括油冷式、水冷式）和蒸发冷却式等。

下面按照不可控器件、半可控器件、经典全控器件介绍电力电子器件的工作原理、基本特征、主要参数。本书主要针对实际应用，不对具体参数进行解读。此外，许多电力电子器件都有与其对应的处理信息的电子器件，例如，电力二极管、电力晶体管和电力场效应管分别与处理信息的二极管、三极管、场效应管相对应。从半导体的结构和工作原理上来讲两者是相同的，但是电力电子器件要承受更高的电流和电压。

二、不可控器件—电力二极管

（一）PN 结与电力二极管的结构

电力二极管的基本结构和工作原理与信息电子电路中的二极管是一样的。电力二极管是指可以承受高电压、大电流，具有较大耗散功率的二极管。它与其他电力电子器件相配合，作为整流、续流、电压隔离、钳位或保护元件，在各种变流电路中发挥着重要的作用。

电力二极管与小功率二极管的结构、工作原理和伏安特性相似，但它的主要参数的规定、选择原则等不尽相同，都是以半导体 PN 结为基础的。电力二极管实际上是由一个面积较大的 PN 结合两端引线以及封装组成的。电力二极管引出两个极，分别称为阳极 A 和阴极 K，使用的符号也与中功率、小功率二极管一样。图 1-1 所示为电力二极管的外形、基本结构和电气图形符号。从外形上看，电力二极管有螺栓式、平板式等多种封装。由于电力二极管的功耗较大，螺旋式电力二极管的阳极紧拴在散热器上。平板式电力二极管又分为风冷式和水冷式，它的阳极和阴极分别由两个彼此绝缘的散热器紧紧夹住。

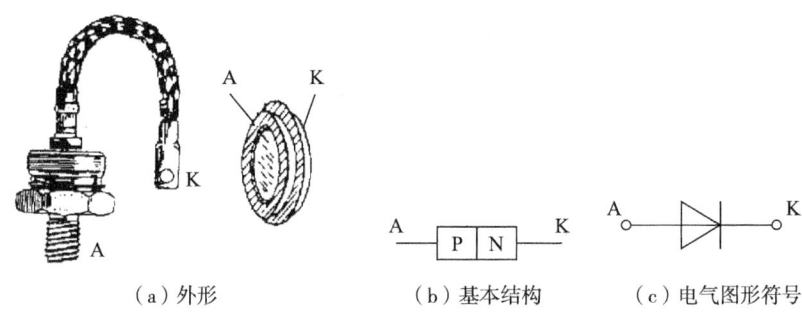

(a)外形　　　　　(b)基本结构　　　　(c)电气图形符号

图 1-1　电力二极管的外形、基本结构和电气图形符号

现将 PN 结的有关概念和二极管的基本工作特性做简单说明：如图 1-2 所示，N 型半导体和 P 型半导体结合后构成 PN 结。由于 N 区和 P 区交界处电子和空穴的浓度差别，造成了各区的多数载流子（多子）向另一区移动的扩散运动，到对方区内成为少数载流子（少子），从而在界面两侧分别留下了带正电荷、负电荷但不能任意移动的杂质离子。这些不能移动的正电荷、负电荷被称为空间电荷。空间电荷建立的电场称为内电场或自建电场，其方向是阻止扩散运动的，另一方面又吸引对方区内的少子（对本区而言则为多子）向本区运动，这就是所谓的漂移运动。扩散运动和漂移运动既相互联系又是一对矛盾，最终达到动态平衡，正空间、负空间电荷量达到稳定值，形成了一个稳定的由空间电荷构成的范围，被称为空间电荷区，按所强调的角度不同也被称为耗尽层、阻挡层或势垒区。

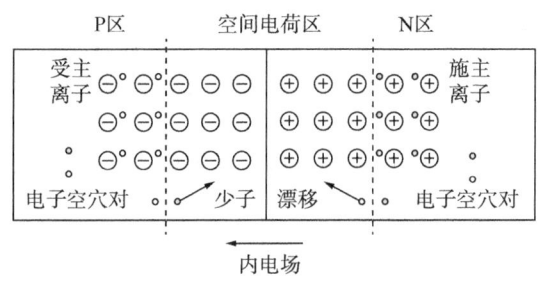

图 1-2　PN 结的形成

1. PN 结的正向导通

当 PN 结外加正向电压（正向偏置），即外加电压的正端接 P 区、负端接 N 区时，外加电场与 PN 结自建电场方向相反，使得多子的扩散运动大于

少子的漂移运动，形成扩散电流，在内部造成空间电荷区变窄，而在外电路上则形成自 P 区流入从 N 区流出的电流，称为正向电流。当外加电压升高时，自建电场将进一步被削弱，扩散电流进一步增加。这就是 PN 结的正向导通状态。

2. PN 结的反向截止

当 PN 结外加反向电压时（反向偏置），外加电场与 PN 结自建电场方向相同，使得少子的漂移运动大于多子的扩散运动，形成漂移电流，在内部造成空间电荷区变宽，而在外电路上则形成自 N 区流入而从 P 区流出的电流，称为反向电流。但是少子的浓度很小，在温度一定时漂移电流的数值趋于恒定，被称为反向饱和电流，一般仅为微安数量级。因此，反向偏置的 PN 结表现为高阻态，几乎没有电流流过，被称为反向截止状态。

3. PN 结的反向击穿

PN 结具有一定的反向耐压能力，但当施加的反向电压过大时，反向电流将会急剧增大，破坏 PN 结反向偏置为截止的工作状态，称为反向击穿。反向击穿按照机理不同有雪崩击穿和齐纳击穿两种形式。反向击穿发生时，只要外电路中采取了措施，将反向电流限制在一定范围内，则当反向电压降低后 PN 结仍可恢复原来的状态。但如果反向电流未被限制住，使得反向电流和反向电压的乘积超过了 PN 结允许的耗散功率，就会因热量散发不出去而致 PN 结温度上升，直至过热而烧毁，这就是热击穿。

4. PN 结的结电容

PN 结中的电荷量随外加电压而变化，呈现电容效应，称为结电容 C_J，又称为微分电容。结电容按其产生机制和作用的差别分为势垒电容 C_B 和扩散电容 C_D。势垒电容只在外电压变化时才起作用，外加电压频率越高，势垒电容作用越明显。势垒电容的大小与 PN 结截面积成正比，与阻挡层厚度成反比；而扩散电容仅在正向偏置时起作用。在正向偏置时，当正向电压较低时，以势垒电容为主；当正向电压较高时，以扩散电容为主。

结电容影响 PN 结的工作频率，特别是在高速开关的状态下，可能使其单向导电性变差，甚至不能工作。电力二极管工作在高频开关状态，应用时应加以注意。

（二）电力二极管的基本特性

1. 静态特性

二极管的阳极和阴极间的电压 U 和流过的电流 I 之间的关系称为伏安特性。电力二极管的静态特性主要是指其伏安特性，如图 1-3 所示。当电力二极管承受的正向电压大到一定值（门槛电压 U_{TO}），正向电流才开始明显增加，处于稳定导通状态。与正向电流 I_F 对应的电力二极管两端的电压，即为其正向电压降。当电力二极管承受反向电压时，只有少子引起的微小而数值恒定的反向漏电流。

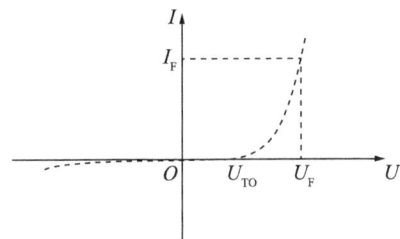

图 1-3 电力二极管的伏安特性

2. 动态特性

因为结电容的存在，电力二极管在零偏置（外加电压为零）、正向偏置和反向偏置这三种状态之间转换的时候，必然经历一个过渡过程。在这些过渡过程中，PN 结的一些区域需要一定时间来调整其带电状态，因而其电压—电流特性不能用前面的伏安特性来描述，而是随时间变化的，这就是电力二极管的动态特性，并且往往专指反映通态和断态之间转换过程的开关特性。当原处于正向导通状态的电力二极管的外加电压突然从正向变为反向时，该电力二极管并不能立即关断，而是需经过一段短暂的时间才能重新获得反向阻断能力，进入截止状态。在关断之前有较大的反向电流出现，并伴随有明显的反向电压过冲。这是因为正向导通时在 PN 结两侧储存的大量少子需要被清除掉以达到反向偏置稳态的缘故。

电力二极管由正向偏置转换为反向偏置的动态波形图如图 1-4（a）所示。时间 $t_d = t_1 - t_0$ 被称为延时时间，$t_f = t_2 - t_1$ 被称为电流下降时间，时间 $t_{rr} = t_d + t_f$ 被称为电力二极管反向恢复时间。电力二极管由零偏置转换为正向偏置的动态波形图如图 1-4（b）所示。电力二极管需经过一段时间才趋于接近稳态压

降值 U_F。这一动态时间称为正向恢复时间 t_{fr}。

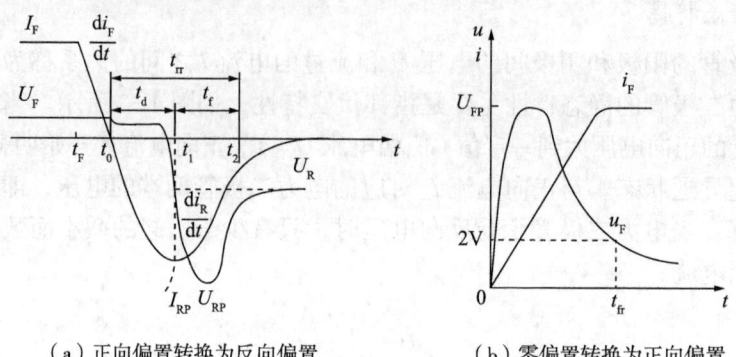

（a）正向偏置转换为反向偏置　　　　（b）零偏置转换为正向偏置

图 1-4　电力二极管的动态过程波形

（三）电力二极管的主要参数

1. 额定电流（正向平均电流）I_F

电力二极管运行时，在规定的环境温度（40℃）和标准散热条件下，元件 PN 结的温度稳定且不超过 140℃，允许长时间连续流过 50Hz 正弦半波的电流平均值，取规定系列的电流等级，即为元件的额定电流。

2. 反向重复峰值电压 U_{RRM}

在额定结温条件下，取元件反向伏安特性不重复峰值电压值 U_{RSM} 的 80%，称为反向重复峰值电压 U_{RRM}。将 U_{RRM} 值取规定的电压等级，就是该元件的额定电压。

3. 正向平均电压 U_F

在规定的环境温度 40℃ 和标准散热条件下，元件通过 50Hz 正弦半波额定正向平均值电流时，元件阳极和阴极之间的电压的平均值，取规定系列组别，称为正向平均电压 U_F，简称管压降，范围一般为 0.45～1V。

4. 最高工作结温 T_{JM}

结温是指管芯 PN 结的平均温度，用 T_{JM} 表示。最高工作结温是指在 PN 结不致损坏的前提下所能承受的最高平均温度。T_{JM} 的范围通常为 125～175℃。

5. 反向恢复时间 t_{rr}

具体内容见前文的"动态特性"。

6. 浪涌电流 I_{FSM}

电力二极管所能承受的最大连续一个或几个工频周期的过电流称为浪涌电流 I_{FSM}。

（四）电力二极管的主要类型

1. 普通二极管

普通二极管又称整流二极管，多用于开关频率不高（1kHz 以下）的整流电路中，其反向恢复时间较长，一般在 5μs 以上。这在开关频率不高时并不重要，在参数表中甚至不列出。但其正向电流定额和反向电压定额却可以达到很高，分别可达数千安和数千伏。

2. 快恢复二极管

恢复过程很短，特别是反向恢复过程很短（一般在 5μs 以下）的二极管被称为快恢复二极管，简称快速二极管。该二极管在工艺上多采用了掺金措施，结构上有的仍采用 PN 结型结构，但大都采用对此加以改进的 PiN 结构。特别是采用外延型 PiN 结构的快恢复外延二极管，其反向恢复时间更短（可低于 50ns）。其正向压降也很低，只有 0.9V 左右。不管是什么结构，快恢复二极管从性能上可分为快速恢复和超快速恢复两个等级。前者反向恢复时间为数百纳秒或更长，后者则在 100ns 以下，甚至达到 20～30ns。

3. 肖特基二极管

以金属和半导体接触形成的势垒为基础的二极管称为肖特基势垒二极管，简称为肖特基二极管。肖特基二极管属于多子器件，在电子电路中早就得到了应用，但直到 20 世纪 80 年代以后，由于工艺的发展才得以在电力电子电路中广泛应用。

与以 PN 结为基础的电力二极管相比，肖特基二极管的优点在于：（1）反向恢复时间很短（10～40ns），正向恢复过程中也不会有明显的电压过冲；（2）在反向耐压较低的情况下，其正向压降也很小，明显低于快恢复二极管。因此，其开关损耗和正向导通损耗都比快恢复二极管要小，且效率高。

肖特基二极管的缺点在于：（1）当所能承受的反向耐压提高时，其正向压降也会高得不能满足要求，因此该二极管多用于 200V 以下的低压场合；（2）反向漏电流较大且对温度敏感，因此反向稳态损耗不能忽略，而且必须更严格地限制其工作温度。

三、半控型器件—晶闸管

晶闸管是硅晶体闸流管的简称,包括普通晶闸管、双向晶闸管、可关断晶闸管、逆导晶闸管和快速晶闸管等。普通晶闸管又叫可控硅,常用 SCR 表示,国际通用名称为 Thyristor,简写为 T。

(一)晶闸管的外形和图形符号

晶闸管的种类很多,从外形上看,主要有螺栓形和平板形两种,如图 1-5 (a)、图 1-5 (b) 所示。3 个引出端分别称为阳极 A、阴极 K 和门极 G,门极又称控制极。晶闸管的图形符号如图 1-5 (c) 所示。

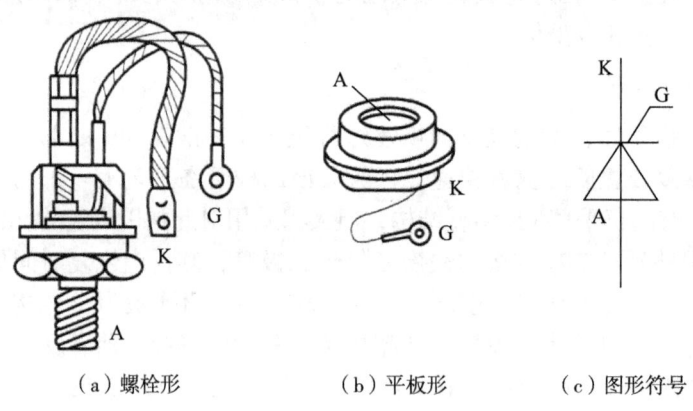

(a)螺栓形　　　　(b)平板形　　　　(c)图形符号

图 1-5　晶闸管的外形和图形符号

晶闸管是在晶体管的基础上发展起来的一种大功率半导体器件。它是具有 J_1、J_2、J_3 三个 PN 结的四层(P_1、N_1、P_2、N_2)结构,由最外的 P_1 层和 N_1 层引出两个电极,分别为阳极 A 和阴极 K,由中间的 P_2 层引出控制极(或称门极)G。晶闸管的一端是一个螺栓,这是阳极引出端,同时可以利用它固定散热片;另一端有两根引出线,其中粗的一根是阴极引线,细的是控制极引线。

(二)晶闸管的工作原理

晶闸管结构如图 1-6(a)所示。如果把中间的 N_1 和 P_2 分为两部分,就构成了一个 NPN 型晶体管和一个 PNP 型晶体管的复合管,如图 1-6(b)所示。

晶闸管具有单向导电特性和正向导通的可控性。需要导通时,必须同时具备"阳极—阴极"之间加正向电压,"门极—阴极"之间加正向触发电压,且有足够的门极电流。晶闸管承受正向阳极电压时,为使晶闸管从关断变为导通,必须使承受反向电压的PN结失去阻断作用。

如图1-6(c)所示,每个晶体管的集电极电流是另一个晶体管的基极电流。两个晶体管相互复合,当有足够的门极电流I_g时,就会形成强烈的正反馈,即:

$I_g \uparrow \to I_{b2} \uparrow \to I_{c2} \uparrow = I_{b1} \uparrow \to I_{c1} \uparrow \to I_{b2} \uparrow$。

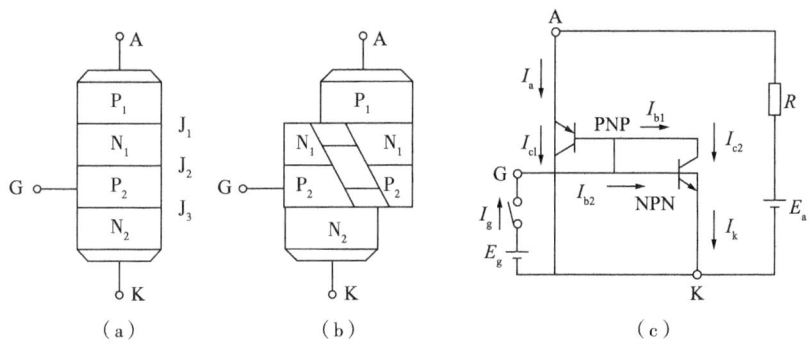

图1-6 晶闸管的内部工作过程

这时,两个晶体管迅速饱和导通,即晶闸管饱和导通。晶闸管一旦导通,门极即失去控制作用。因此,门极所加的触发电压一般为脉冲电压。晶闸管从阻断变为导通的过程称为触发导通。门极触发电流一般只有几十毫安到几百毫安,而晶闸管导通后,从阳极到阴极可以通过几百安、几千安的电流。要使导通的晶闸管阻断,必须将阳极电流降低到一个称为维持电流的临界极限值以下。

(三)晶闸管的基本特性

本书只介绍晶闸管的静态特性,晶闸管的开通和关断的动态过程很复杂,这里不做介绍。感兴趣的可以查阅其他书籍。

晶闸管正常工作时的特性为:(1)当晶闸管承受反向电压时,不论门极是否有触发电流,晶闸管都不会导通;(2)当晶闸管承受正向电压时,仅在门极有触发电流的情况下晶闸管才能开通;(3)晶闸管一旦导通,门极就失去控制作用,不论门极触发电流是否还存在,晶闸管都保持导通;(4)若要使已导通的晶闸管关断,只能利用外加电压和外电路的作用使流过晶闸管的电流降到接近于零的某一数值以下。

以上特点反映到晶闸管的伏安特性。晶闸管的阳极与阴极之间的电压和电流之间的关系，称为阳极伏安特性。其伏安特性曲线，如图1-7所示。

在图1-7中，第Ⅰ象限为正向特性，当$i_a=0$时，如果在晶闸管两端所加的正向电压U_a未增加到正向转折电压U_{B0}时，器件处于正向阻断状态，只有很小的正向漏电流。当U_a增加到U_{B0}时，则漏电流急剧增大，器件导通，正向电压降低，其特性与二极管的正向伏安特性相仿。通常不允许采用这种方法使晶闸管导通，因为这样重复多次会造成晶闸管损坏，一般采用对晶闸管门极加足够大的触发电流使其导通，门极触发电流越大，正向转折电压就越低。晶闸管的反向伏安特性如图1-7中第Ⅲ象限所示，处于反向阻断状态时，只有很小的反向漏电流，当反向电压超过反向击穿电压U_{R0}后，反向漏电流急剧增大，造成晶闸管反向击穿而损坏。

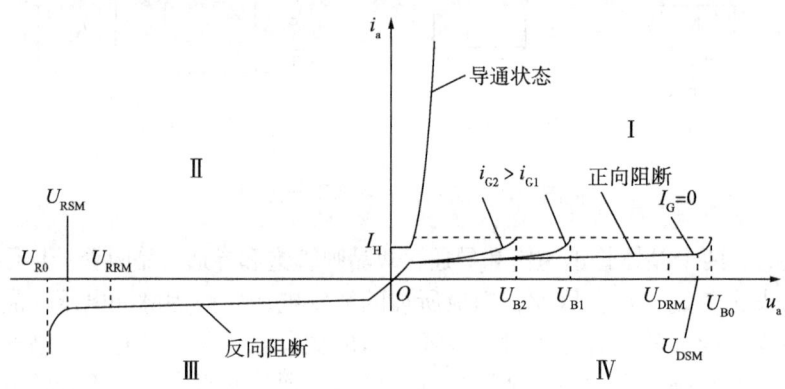

图1-7 晶闸管的阳极伏安特性曲线

（四）晶闸管的主要参数

1. 额定电压U_{TM}

如图1-7所示，晶闸管的阳极伏安特性曲线可见，当门极开路，器件处于额定结温时，根据所测定的正向转折电压U_{B0}和反向击穿电压U_{R0}，由制造厂家规定减去某一数值（通常为100V），分别得到正向不可重复峰值电压U_{DSM}和反向不可重复峰值电压U_{RSM}，再各乘以0.9，即得到正向断态重复峰值电压U_{DRM}和反向阻断重复峰值电压U_{RRM}。将U_{DRM}和U_{RRM}中较小的那个值取整后，作为该晶闸管的额定电压值。晶闸管使用时，若外加电压超过反向击穿电压，会造成器件永久性损坏。若超过正向转折电压，器件就会误导通，经数次这种导通后，也会造成器件损坏。此外，器件的耐压还会因散热条件恶化和结温升高而降低。

2. 通态平均电流 $I_{T(AV)}$

晶闸管的额定电流也称为额定通态平均电流，即在环境温度为40℃和规定的冷却条件下，晶闸管在导通角不小于170°的电阻性负载电路中，当不超过额定结温且稳定时，所允许通过的工频正弦半波电流的平均值。将该电流按晶闸管标准电流系列取值，称为该晶闸管的额定电流。

3. 维持电流 I_H

在室温下，当门极断开时，器件从较大的通态电流降至维持通态所必需的最小电流称为维持电流。它一般为几毫安到几百毫安。维持电流与器件的容量、结温有关，器件的额定电流越大，维持电流也越大。结温低时维持电流大。

4. 擎住电流 I_L

晶闸管刚从断态转入通态就去掉触发信号，能使器件保持导通所需要的最小阳极电流称为擎住电流。一般擎住电流 I_L 为维持电流 I_H 的几倍。

5. 通态浪涌电流 I_{TSM}

由电路异常情况引起的，并使晶闸管结温超过额定值的不重复性最大正向通态过载电流称为通态浪涌电流，用峰值表示。

6. 断态电压临界上升率 du/dt

在额定结温和门极开路情况下，不使器件从断态到通态转换的阳极电压最大上升率，称为断态电压临界上升率。

7. 通态电流临界上升率 di/dt

在规定条件下，晶闸管在门极触发导通时所能承受的不导致损坏的最大通态电流上升率，称为通态电流临界上升率。

（五）晶闸管的派生器件

1. 快速晶闸管

快速晶闸管包括所有专为快速应用而设计的晶闸管，有常规快速晶闸管和工作在更高频率的高频晶闸管，可分别应用于400Hz和10kHz以上的斩波或逆变电路中。由于对普通晶闸管的管芯结构和制造工艺进行了改进，快速晶闸管的开关时间以及 du/dt 和 di/dt 的耐量都有了明显改善。从关断时间来看，普通晶闸管关断时间一般为数百微秒，常规快速晶闸管关断时间为数十微秒，而高频晶闸管关断时间则为 10μs 左右。与普通晶闸管相比，高频晶闸管的不足在于其电压和电流定额都不易做高。由于工作频率较高，选择常规快速晶闸管和高频晶闸管的通态平均电流时不能忽略其开关损耗的发热效应。

2. 双向晶闸管

双向晶闸管可以认为是一对反并联连接的普通晶闸管的集成，其电气图形符号和伏安特性如图 1-8 所示，它有两个主电极 T_1 和 T_2，一个门极 G。门极使器件在主电极的正反两方向均可触发导通，所以双向晶闸管在第 Ⅰ 和第 Ⅲ 象限有对称的伏安特性。双向晶闸管与一对反并联晶闸管相比是经济的，而且控制电路比较简单，所以在交流调压电路、固态继电器和交流电动机调速等领域应用较多。由于双向晶闸管通常用在交流电路中，因此不用平均值而用有效值来表示其额定电流值。

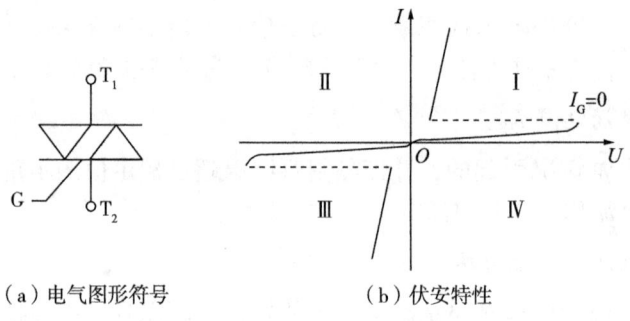

（a）电气图形符号　　（b）伏安特性

图 1-8　双向晶闸管的电气图形符号和伏安特性

3. 逆导晶闸管

逆导晶闸管是将晶闸管反并联一个二极管制作在同一管芯上的功率集成器件，这种器件不具有承受反向电压的能力，一旦承受反向电压即开通。其电气图形符号和伏安特性如图 1-9 所示。与普通晶闸管相比，逆导晶闸管具有正向压降小、关断时间短、高温特性好、额定结温高等优点，可用于不需要阻断反向电压的电路中。逆导晶闸管的额定电流有两个，一个是晶闸管电流，一个是与之反并联的二极管的电流。

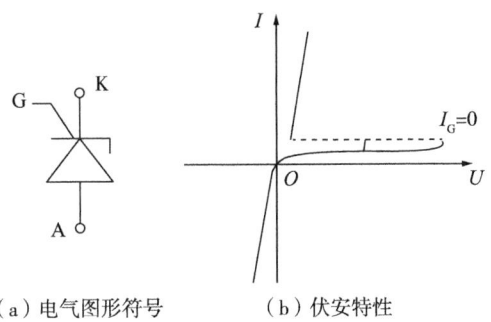

（a）电气图形符号　　　（b）伏安特性

图 1-9　逆导晶闸管的电气图形符号和伏安特性

4. 光控晶闸管

光控晶闸管又称光触发晶闸管，是一种利用一定波长的光照信号触发导通的晶闸管，其电气图形符号和伏安特性如图 1-10 所示。小功率光控晶闸管只有阳极和阴极两个端子，大功率光控晶闸管则带有光缆，光缆上装有作为触发光源的发光二极管或半导体激光器。由于采用光触发，保证了主电路与控制电路之间的绝缘，而且可以避免电磁干扰的影响，因此光控晶闸管目前在高压大功率的场合（如高压直流输电和高压核聚变装置中），占据重要的地位。

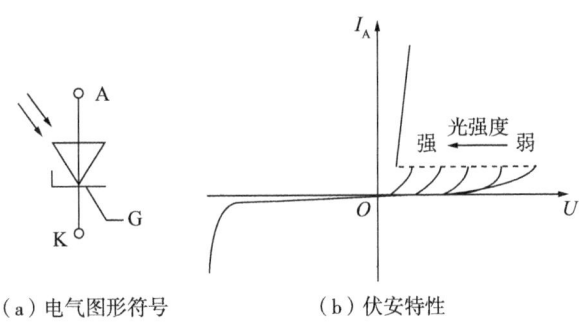

（a）电气图形符号　　　（b）伏安特性

图 1-10　光控晶闸管的电气图形符号和伏安特性

四、典型全控型器件

20 世纪 80 年代以来，电力电子技术进入了一个崭新时代。典型全控型器件包括门极可关断晶闸管、电力晶体管、电力场效应晶体管、绝缘栅双极晶体管。

（一）门极可关断晶闸管

门极可关断晶闸管（GTO）是晶闸管的一种派生器件，可以通过在门极施加负的脉冲电流使其关断。GTO 的电压、电流容量较大，与普通晶闸管接近，因而在兆瓦级以上的大功率场合有较多的应用。GTO 具有普通晶闸管的全部优点，如耐压高、电流大、控制功率小、使用方便和价格低等，但它具有自关断能力，属于全控器件。GTO 在质量、效率及可靠性方面有着明显的优势，成为被广泛应用的自关断器件之一。

1. GTO 的结构

GTO 的结构与普通晶闸管相似，也为 PNPN 四层半导体结构、三端（阳极 A、阴极 K、门极 G）器件，它的内部结构、等效电路及符号，如图 1-11 所示。

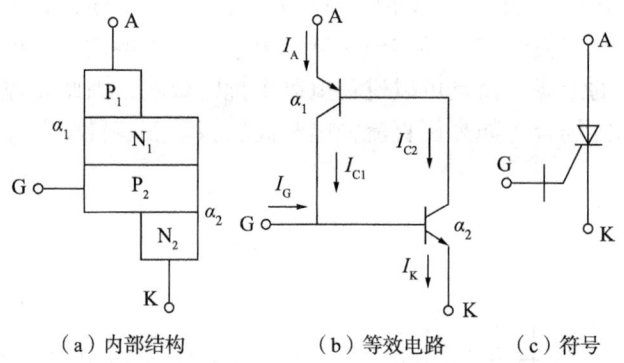

（a）内部结构　　（b）等效电路　　（c）符号

图 1-11　GTO 的内部结构、等效电路及符号

2. GTO 的工作原理

为了分析 GTO 的工作原理，也可将其等效为两个三极管 $P_1N_1P_2$ 与 $N_1P_2N_2$ 互补连接，设 α_1 和 α_2 分别为晶体管 $P_1N_1P_2$ 和晶体管 $N_1P_2N_2$ 的共基极放大系数，α_1 比 α_2 小，但都是随着发射极电流 I_e 的增加而增加。

当 GTO 的阳极加有正向电压，门极加有正向触发电流 I_G 时，通过 $N_1P_2N_2$ 晶体管的放大作用，使 I_{C2} 和 I_K 增加，I_{C2} 作为晶体管 $P_1N_1P_2$ 的基极电流，经晶体管 $P_1N_1P_2$ 放大，使 I_{C1} 和 I_A 增加。I_{C1} 又作为晶体管 $P_1N_1P_2$ 的基极电流，使 I_{C2} 和 I_K 进一步增加。增强式强烈的正反馈过程，使 GTO 很快饱和导通。这一过程与普通晶闸管的导通过程是一样的。

当 GTO 已处于导通状态且阳极电流为 I_A 时，对门极加负的关断脉冲，形成 $-I_G$，相当于将 I_{C1} 的电流抽出，使 $N_1P_2N_2$ 晶体管的基极电流减少，从而使 I_{C2} 和 I_K 减少，I_{C2} 的减少又使 I_A 减少，也使 I_{C2} 减少，也是一个正反馈过程，但它是衰减式的。当 I_A 和 I_K 的减少使 $(\alpha_1+\alpha_2)<1$ 时，等效晶体管 $P_1N_1P_2$ 和 $N_1P_2N_2$ 退出饱和，GTO 不再满足维持导通的条件，阳极电路很快下降到零而关断。

3. GTO 的特性

GTO 的阳极伏安特性与普通晶闸管相似，如图 1-12 所示。外加电压超过正向转折电压 U_{B0} 时，GTO 正向导通，正向导通次数多了，就会引起 GTO 的性能变差；但若外加电压超过反向击穿电压 U_{R0}，则发生雪崩击穿，造成元件的永久性损坏。对 GTO 门极加正向触发电流时，GTO 的正向转折电压随门极正向触发电流的增大而降低。

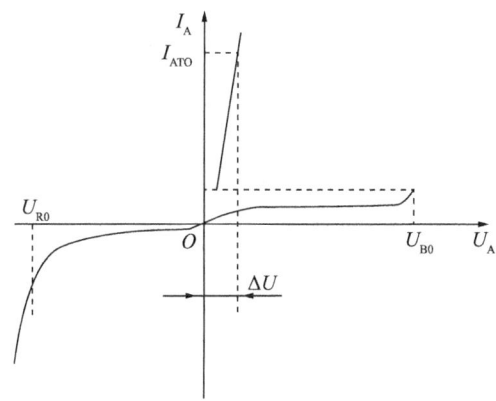

图 1-12 GTO 的阳极伏安特性

图 1-13 所示为 GTO 导通和关断过程中门极电流 i_G 和阳极电流 i_A 的波形。与普通晶闸管类似，导通过程中，需要经过延迟时间 t_d ($i_A<10\%I_A$) 和上升时间 r [$i_A=(10\%\sim90\%)I_A$]。关断过程则有所不同，首先，需要经历抽取饱和导通时存储的大量载流子的时间——存储时间 t_s，从而使等效晶体管退出饱和状态；然后则是等效晶体管从饱和区退至放大区，阳极电流逐渐减小的时间——下降时间 t_f；最后还有残存载流子复合所需要的时间——尾部时间 t_t。

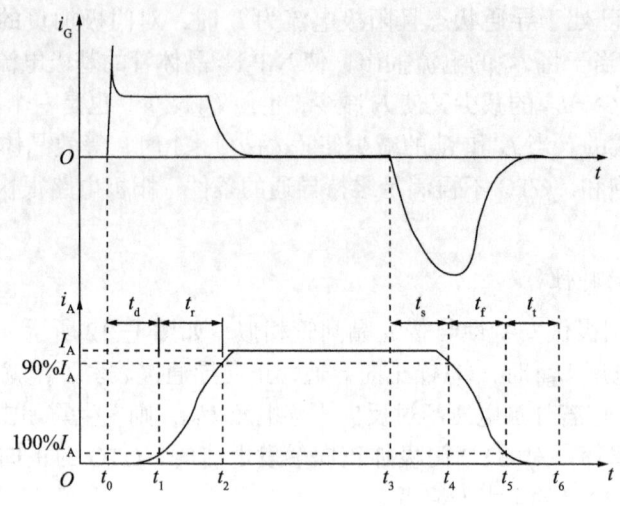

图 1-13 GTO 的导通和关断过程中的电流波形

通常，t_f 比 t_s 小得多，而 t_t 比 t_s 要长。门极负脉冲电流的幅值越大，前沿越陡，抽走储存载流子的速度越快，t_s 就越短。若使门极负脉冲的后沿缓慢衰减，在 t_s 阶段仍能保持适当的负电压，则可以缩短尾部时间 t_t。关断损耗基本集中在下降时间 t_f 内，过大的瞬时功耗会造成 GTO 的损坏，其瞬时功耗与阳极尖峰电压有关。阳极尖峰电压随着阳极可关断电流的增加而增加，过高则可能导致 GTO 失效。阳极尖峰电压的产生是由器件外接保护与缓冲电流的引线电感、二极管正向恢复电压和电容中的电感造成的，因此，应用中要尽量减少缓冲电路的杂散电感。

4. GTO 的主要参数

GTO 的大多数参数与普通晶闸管相同。这里仅讨论一些意义不同的参数。

（1）最大可关断阳极电流 I_{ATO}。GTO 的最大阳极电流受两个方面的限制：一是额定工作结温的限制；二是门极负电流脉冲可以关断的最大阳极电流的限制。这是由 GTO 只能工作在临界饱和导通状态所决定的。阳极电流过大，GTO 便处于较深的饱和导通状态，门极负电流脉冲不可能将其关断。通常，将最大可关断阳极电流 I_{ATO} 作为 GTO 晶闸管的额定电流。应用中，最大可关断阳极电流 I_{ATO} 还与工作频率、门极负电流的波形、工作温度及电路参数等因素有关，它不是一个固定不变的数值。

（2）关断增益 β_{off}：关断增益为最大可关断阳极电流 I_{ATO} 与门极负电流

最大值 I_{GM} 之比。

（3）阳极尖峰电压 U_P：是在下降时间末尾出现的极值电压。它几乎随阳极可关断电流成线性增加，U_P 过高，可能导致 GTO 失效。U_P 的产生是由缓冲电路中的引线电感、二极管正向恢复电压和电路中的电感造成的。

（4）维持电流 I_H：指阳极电流减小到开始出现 GTO 晶闸管不能再维持导通的数值。

（5）擎住电流 I_L：指 GTO 经门极触发后，阳极电流上升到保持所有 GTO 晶闸管导通的最低值。

（二）电力晶体管

电力晶体管（GTR）是一种高反压晶体管，具有自关断能力，并有开关时间短、饱和压降低和安全工作区宽等优点。它被广泛用于交直流电动机调速、中频电源等电力变流装置中。20 世纪 80 年代以来，在中功率、小功率范围内取代晶闸管，但目前大多被绝缘栅双极型晶体管（IGBT）和金属氧化物半导体场效应晶体管（MOSFET）取代。

1. GTR 的结构

GTR 主要用作开关，工作于高电压、大电流的场合，一般为模块化，内部为 2 级或 3 级达林顿结构，如图 1-14 所示。

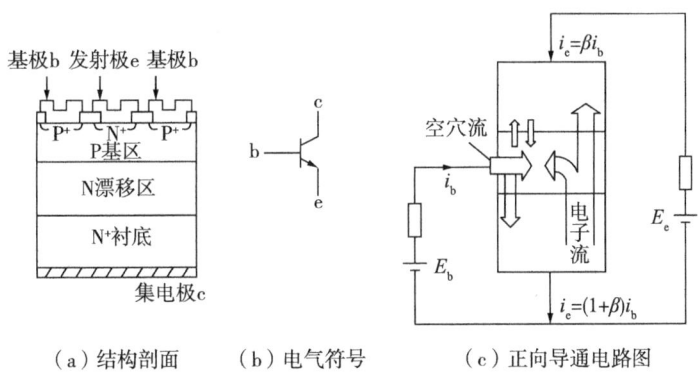

（a）结构剖面　　（b）电气符号　　（c）正向导通电路图

图 1-14　GTR 的结构、电气图形符号和正向导通电路图

2. GTR 的主要参数

（1）开路阻断电压 U_{ces}：即基极开路时，"集电极—发射极"间能承受的电压值。

（2）集电极最大持续电流 I_{CM}：即当基极正向偏置时，集电极能流入的最大电流。

（3）电流增益 h_{EF}：集电极电流与基极电流的比值，称为电流增益，也称电流放大倍数或电流传输比。

（4）集电极最大耗散功率 P_{CM}：指 GTR 在最高允许结温时所消耗的功率。它受结温限制，其大小由集电结工作电压和集电极电流的乘积决定。

（5）开通时间 t_{on}：包括延迟时间 t_d 和上升时间 t_r。

（6）关断时间 t_{off}。包括存储时间 t_s 和下降时间 t_{fo}。

3. GTR 的基本特性

图 1-15 所示为 GTR 在共发射极接法的典型输出特性，从图中可以看出 GTR 在共发射极接法的典型输出特性分为截止区、放大区和饱和区三个区域。在开关过程中，即在截止区和饱和区之间过渡时，要经过放大区。

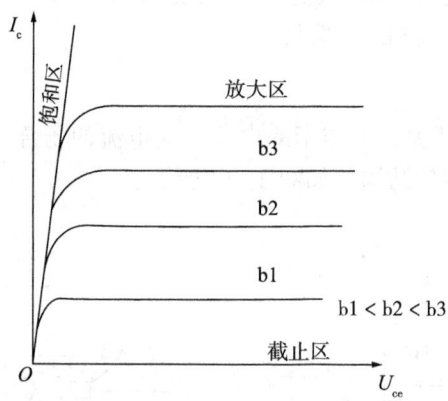

图 1-15　共发射极接法时 GTR 的输出特性

图 1-16 所示为共发射极接法时的动态特性。该图给出 GTR 开通和关断过程中基极电流和集电极波形关系。

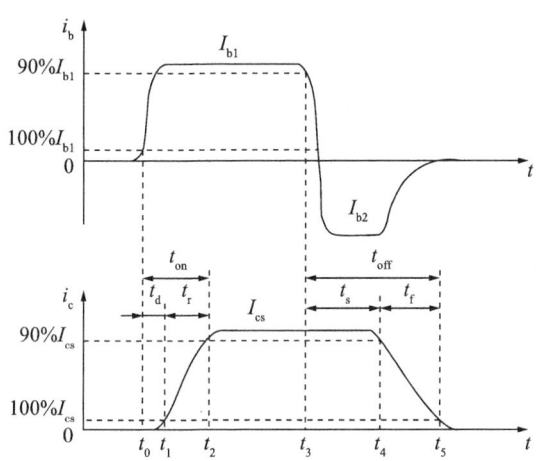

图 1-16 GTR 的开通和关断过程电流波

与 GTO 类似，GTR 开通时需要经过开通时间 t_{on}（延迟时间 t_d 和上升时间 t_r 二者之和）；关断时需要经过关断时间 t_{off}（储存时间 t_s 和下降时间 t_f 二者之和）。延迟时间主要是由发射结势垒电容和集电结势垒电容充电产生的。增大基极驱动电流 i 的幅值并增大 di/dt，可以缩短延迟时间，同时也可以缩短上升时间，从而加快开通过程。储存时间是用来除去饱和导通时储存在基区的载流子的，是关断时间的主要部分。减小导通时的饱和深度以减小储存的载流子，或者增大基极抽取负电流的幅值和负偏压，可以缩短储存时间，从而加快关断速度。GTR 的开关时间在几微秒以内，比晶闸管短很多，也短于 GTO。

4. GTR 的主要参数

除了前面述及的一些参数，如电流放大倍数 β、直流电流增益 h_{FE}、集电极与发射极间漏电流 I_{ceo}、集电极和发射极间饱和压降 U_{ces}、开通时间 t_{on} 和关断时间 t_{off} 以外，对 GTR 主要关心的参数还包括：击穿电压、反向击穿电压、集电极最大允许电流、集电极最大耗散功率。

最高工作电压 GTR 上所加的电压超过规定值时，就会发生击穿。击穿电压不仅和晶体管本身的特性有关，还与外电路的接法有关：（1）有发射极开路时集电极和基极间的反向击穿电压 BU_{cbo}；（2）基极开路时集电极和发射极间的击穿电压 BU_{ceo}；（3）发射极与基极间用电阻连接或短路连接时集电极和发射极间的击穿电压 BU_{cer} 和 BU_{ces}；（4）发射结反向偏置时集电极和发

射极间的击穿电压 BU_{cex}。

这些击穿电压之间的关系为 $BU_{cbo}>BU_{cex}>BU_{ces}>BU_{cer}>BU_{ceo}$。

实际使用 GTR 时，为了确保安全，最高工作电压要比 BU_{ceo} 低得多。

集电极最大允许电流 I_{CM} 通常规定直流电流放大系数 h_{FE} 下降到规定值的 1/2～1/3 时，所对应的 I_C 为集电极最大允许电流。实际使用时要留有较大余量，只能用到 I_{CM} 的一半或稍多一点。

集电极最大耗散功率 P_{CM}，最高工作温度下允许的耗散功率。产品说明书中给 P_{CM} 时同时给出壳温 T_C，间接表示了最高工作温度。

5. 二次击穿现象

当集电极电压 U_{CE} 逐渐增加到某一数值时，集电结的反向电流 I_C 急剧增加，出现击穿现象。首次出现的击穿现象称为一次击穿。这种击穿是正常的雪崩击穿。这一击穿可用外接串联电阻的方法加以控制，只要适当限制晶体管的电流（或功耗），流过集电结的反向电流就不会太大，如果进入击穿区的时间不长，一般不会引起 GTR 的特性变坏。但是，一次击穿后，若继续增大偏压 U_{CE}，而外接的限流电阻又不变，反向电流 I_C 将继续增大，此时，若 GTR 仍在工作，GTR 将迅速出现大电流，并在极短的时间内，会使器件中出现明显的电流集中和过热点，且电流急剧增长，此现象便称为二次击穿。

（三）电力场效应晶体管

电力场效应晶体管（P-MOSFET），简称电力 MOSFET，是对功率小的一般普通场效应管（MOSFET）的工艺结构进行改进，在功率上有所突破，获得的单极性半导体器件。它属于电压控制型，具有驱动功率小、控制线路简单、工作频率高的特点。

1. 电力 MOSFET 的结构

由电子技术基础可知，功率较小的 MOSFET 的栅极 G、源极 S 和漏极 D 位于芯片的同一侧，导电沟道平行于芯片表面，是横向导电器件。这种结构限制了它的电流容量。电力 MOSFET 采取了两次扩散工艺，并将漏极 D 移到芯片另一侧的表面上，使从漏极到源极的电流垂直于芯片表面流过，这样有利于减小芯片面积和提高电流密度。这种采用垂直导电方式的 MOSFET 称为 VMOSFET。

电力 MOSFET 的导电沟道也分为 N 沟道和 P 沟道两种，栅偏压为零时，漏极—源极之间存在导电沟道的称为耗尽型；栅偏压大于零（N 沟道）才存在导电沟道的称为增强型。下面以 N 沟道增强型为例，说明电力 MOSFET 的结构，图 1-17 所示为其结构和符号。电力 MOSFET 是多元集成结构，即一个器件由多个 MOSFET 元（件）组成。

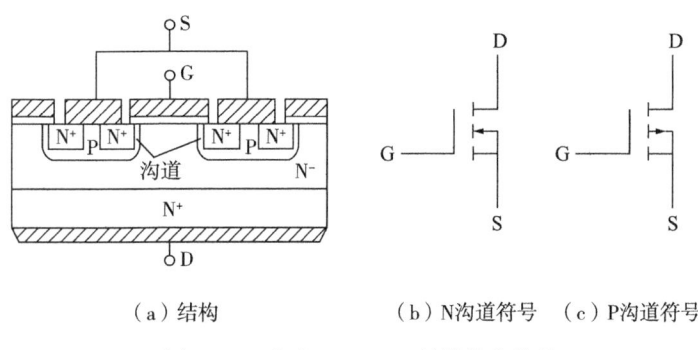

（a）结构　　　　　　（b）N沟道符号　（c）P沟道符号

图 1-17　电力 MOSFET 的结构和符号

2. 电力 MOSFET 的工作原理

当漏极接电源正极，源极接电源负极，"栅极—源极"之间的电压为零或为负时，P 型区和 N 型漂移区之间的 PN 结反向，"漏极—源极"之间无电流流过。如果在栅极和源极间加正向电压 U_{GS}，由于栅极是绝缘的，不会有电流，但栅极的正电压所形成的电场的感应作用却会将其下面的 P 型区中的少数载流子电子吸引到栅极下面的 P 型区表面。当 U_{GS} 大于某一电压值 U_T 时，栅极下面的 P 型区表面的电子浓度将超过空穴浓度，使 P 型反转成 N 型，沟通了漏极和源极。此时，若在漏极之间加正向电压，则电子将从源极横向穿过沟道，然后垂直（即纵向）流向漏极，形成漏极电流 I_D。电压 U_T 称为开启电压，U_{GS} 超过 U_T 越多，导电能力就越强，漏极电流 I_D 也就越大。电力 MOSFET 的多元结构，使得每个 MOSFET 元的沟道长度大为缩短，而且使所有 MOSFET 元的沟道并联，这势必使沟道电阻大幅度减小，从而使得在同样的额定结温下，器件的通态电流大大提高。此外，沟道长度的缩短，使载流子的渡越时间减小；沟道的并联，允许更多的载流子同时渡越，使器件的开通时间缩短，提高了工作频率，改善了器件的性能。

3. 电力 MOSFET 的特性

电力 MOSFET 栅源电压 U_{GS} 与漏极电流 I_D 之间的关系称为转移特性，特性曲线的斜率 dI_D/dU_{GS} 表示电力场效应管的放大能力，用跨导 G_{fs} 表示，如图 1-18 所示为电力 MOSFET 的转移特性。

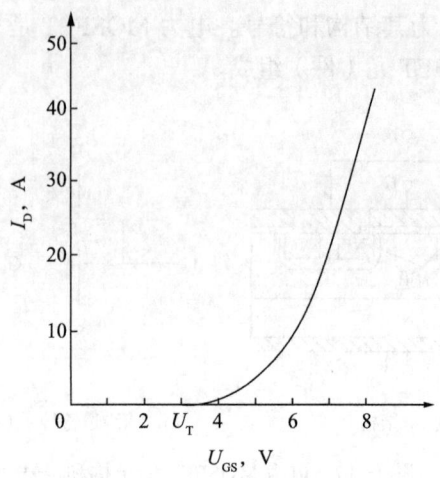

图 1-18　电力 MOSFET 的转移特性

以栅极—源极电压 U_{GS} 为参变量,反映漏极电流 I_D 与漏极电压 U_{DS} 间关系的曲线簇,称为电力 MOSFET 的输出特性,如图 1-19 所示。输出特性可划分为 4 个区域:非饱和区 I、饱和区 II、截止区 III、雪崩区 IV。在非饱和区 U_{DS} 较小,当 U_{GS} 为常数时,I_D 与 U_{DS} 几乎呈线性关系。在饱和区,漏极电流几乎不再随漏源电压变化。当 U_{DS} 大于一定的电压值后,漏极 PN 结发生雪崩击穿,进入雪崩区 IV,此时漏电流突然增大,直至器件损坏,$U_{GS5} > U_{GS4} > U_{GS3} > U_{GS2} > U_{GS1}$。

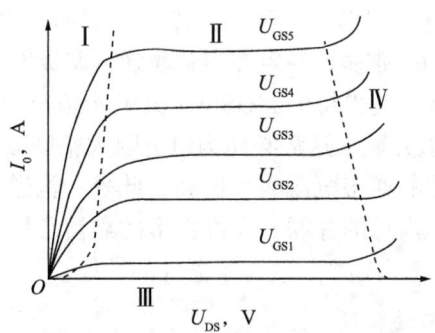

图 1-19　电力 MOSFET 的输出特性

电力 MOSFET 的开关特性的测试电路及其开关过程的波形,如图 1-20 所示。u_p 为矩形脉冲电压信号源,R_S 为信号源内阻,R_G 为栅极电阻($\geqslant R_S$),

R_L 为漏极负载电阻，漏极电流可在 R_F 两端测得。

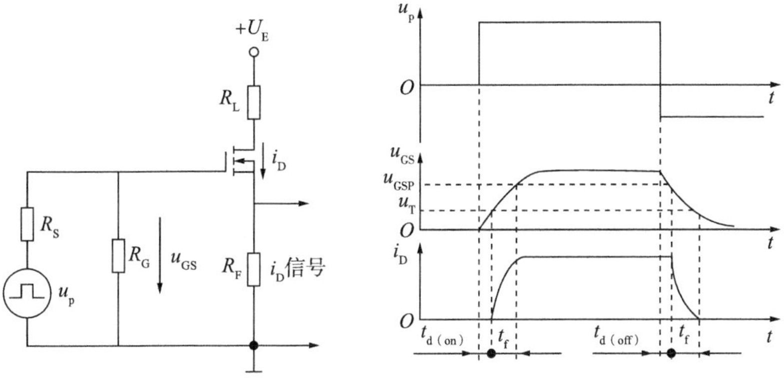

(a) 测试电路　　(b) 开关过程波形

图 1-20　电力 MOSFET 的开关特性

由于器件内部存在输入电容 C_{in}，因而 u_p 的前沿到来时，C_{in} 有充电过程，栅极电压 u_{GS} 呈指数曲线上升。当 u_{GS} 上升到开启电压 u_T 时，漏极电流 i_D 开始出现。从 u_p 前沿到 i_D 出现的这段时间定义为导通延迟时间 $t_{d(on)}$。此后，i_D 随 u_{GS} 的上升而上升，u_{GS} 从开启电压 u_T 逐渐上升到使电力场效应管刚刚进入非饱和区的栅极电压 u_{GSP}，漏极电流 i_D 也达到稳态值，这一过程对应的时间称为上升时间 t_r。i_D 稳态值的大小由漏极电源电压 U_E 和漏极负载电阻 R_L 决定，u_{GSP} 的大小与 i_D 的稳态值有关。u_{GS} 在 u_p 的作用下继续上升，直至达到稳态。但此后 i_D 不再变化。电力 MOSFET 的导通时间 t_{on} 为导通延迟时间与上升时间之和。

当 u_p 减小到零时，栅极输入电容 C_{in} 通过 R_S 和 R_G 进行放电，u_{GS} 按指数规律下降，当降至 u_{GSP} 时，i_D 开始减小，这段时间称为关断延迟时间 $t_{d(off)}$。此后，C_{in} 继续放电，u_{GS} 从 u_{GSP} 继续下降，i_D 减小，直至 $u_{GS} < u_T$ 时，导电沟道消失 i_D 下降到零，这段时间称为下降时间 t_f。电力 MOSFET 的关断时间为关断延迟时间和下降时间之和。

4. 电力 MOSFET 的主要参数

（1）漏源击穿电压 U_{DS}——漏源击穿电压 U_{DS} 决定了电力 MOSFET 的最高工作电压，使用时，应注意结温的影响，结温每升高 100℃，U_{DS} 就增加 10%。

(2) 漏极连续电流 I_D 和漏极峰值电流 I_{DM}——在器件内部温度不超过最高工作温度时，电力 MOSFET 允许通过的最大漏极连续电流和脉冲电流称为漏极连续电流 I_D 和漏极峰值电流 I_{DM}。它们是电力 MOSFET 的电流额定参数。

(3) 栅源击穿电压 U_{GS}——造成栅极—源极之间绝缘层被击穿的电压，称为栅源击穿电压 U_{GS}。在栅极—源极之间的绝缘层很薄，$U_{GS}>20V$ 就将发生绝缘层击穿。

(4) 极间电容——电力 MOSFET 的三个电极之间分别存在极间电容 C_{GS}、C_{GD} 和 C_{DS}。一般生产厂家提供的是漏极—源极短路时的输入电容 C_{iss}、共源极输出电容 C_{oss} 和反馈电容 C_{rss}。

（四）绝缘栅双极型晶体管

绝缘栅双极型晶体管，简称 IGBT，是由 VDMOS 与双极晶体管混合组成的电压控制的双极型自关断器件。它将 MOSFET 和 GTR 的优点集于一身，既具有 MOSFET 输入阻抗高、开关速度快、工作频率高、热稳定性好、无二次击穿和驱动电路简单的长处，又有 GTR 通态压降低、耐压高和承受电流大的优点。

1. IGBT 的结构与基本工作原理

IGBT 是在功率 MOSFET 基础上发展起来的多元集成新型器件、其结构是以 GTR 为主导元件，MOSFET 为驱动元件的达林顿结构的复合器件，如图 1-21、图 1-22 所示。IGBT 外部有三个电极，分别为门极 G、集电极 C、发射极 E。

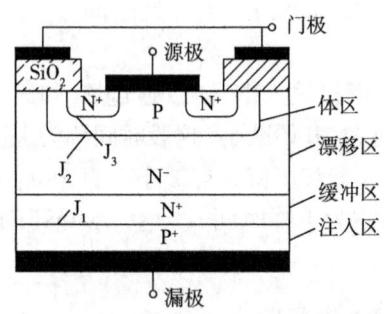

图 1-21 IGBT 的结构

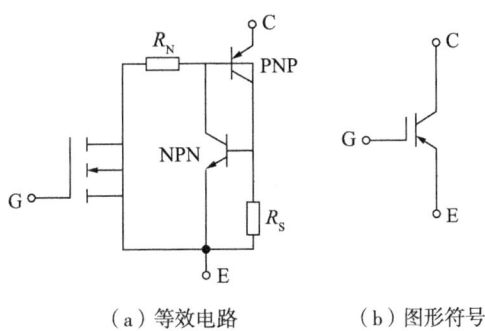

（a）等效电路　　（b）图形符号

图 1-22　IGBT 等效电路及图形符号

IGBT 是一种场控器件，它的开通与关断由 G 极和 E 极之间的门极电压 U_{GE} 所决定。当 IGBT 门极加上正电压时，MOSFET 内形成沟道，并为 PNP 晶体管提供基极电流，使 IGBT 导通；当 IGBT 门极加上负电压时，MOSFET 内沟道消失，切断 PNP 晶体管的基极电流，使 IGBT 关断。

当 $U_{GE} < 0$ 时，J_3 的 PN 结处于反偏状态，IGBT 呈反向阻断状态。当 $U_{GE} > 0$ 时，分两种情况：若极电压 $U_{GE} < U_T$（开启电压），沟道不能形成，IGBT 呈正向阻断状态；若门极电压 $U_{GE} > U_T$，绝缘门极下的沟道形成，并为 PNP 晶体管提供基极电流，从而使 IGBT 导通。此时，空穴从 P 区注入 N 区进行电导调制，减少 N 基区电阻 R_N 的值，使得高耐压的 IGBT 也具有很低的通态压降。

IGBT 的驱动原理与电力 MOSFET 的驱动原理基本相同，它是一种场控器件。其开通和关断是由栅极和发射极间的电压 U_{GE} 控制，当 U_{GE} 为正且大于开启电压 U_T 时，MOSFET 内形成导电沟道，其漏源电流作为内部 GTR 的基极电流，从而使 IGBT 导通。此时从 P^+ 注入 N^- 区的空穴对 N^- 区进行电导调制，减小了 N^- 区的电阻 R_N，使 IGBT 获得低导通压降。当栅极与发射极间不加信号或施加反向电压时，MOSFET 内的导电沟道消失，GTR 的基极电流被切断，IGBT 随即关断。

2. IGBT 的基本特性

IGBT 的静态特性主要包括转移特性和输出特性。

1）转移特性

转移特性用来描述 IGBT 集电极电流 i_C 与"栅—射"电压 U_{GE} 之间的关系，如图 1-23（a）所示。它与电力 MOSFET 的转移特性类似。开启电压 $U_{GE(th)}$

是IGBT能实现电导调制而导通的最低"栅—射"电压。

2）输出特性

输出特性也称伏安特性，描述以"栅—射"电压为参变量时，集电极电流i_C与"集—射"极间电压U_{GE}之间的关系。IGBT的输出特性与GTR的输出特性类似，不同的是控制变量，IGBT的控制变量为"栅—射"电压U_{GE}，而GTR的控制变量为基极电流I_{GB}。IGBT的输出特性分为三个区域：正向阻断区、有源区和饱和区，如图1-23（b）所示，与GTR的截止区、放大区和饱和区相对应。当$U_{GE} < 0$时，IGBT为反向阻断状态。在电力电子电路中IGBT在开关状态工作，在正向阻断区和饱和区之间转换。IGBT的动态特性包括导通过程和关断过程，如图1-24所示。

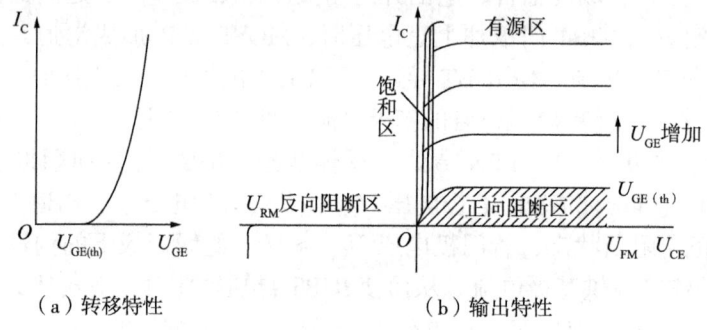

（a）转移特性　　　　　　　（b）输出特性

图1-23　IGBT的静态特性

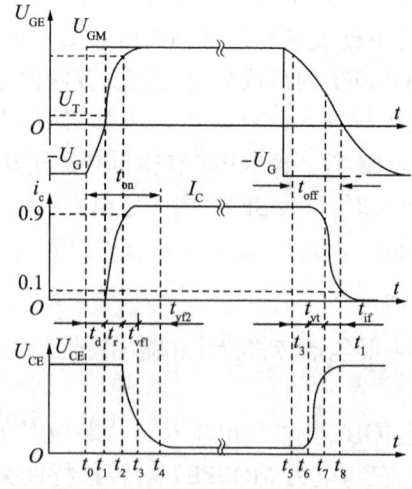

图1-24　IGBT的导通与关断过程

（1）IGBT 的导通过程与电力 MOSFET 的开通过程相类似，这是因为 IGBT 在导通过程中大部分时间是作为电力 MOSFET 运行的。导通时间由四部分组成：一段是从外施栅极脉冲 U_{GM} 由负到正跳变开始，到"栅—射"电压充电到 U_T 的时间（对应 t_1-t_0）的导通延迟时间 t_d。另一段是集电极电流从零开始，上升到 90% 稳态值的时间（t_2-t_1），称为电流上升时间 t_r。在这两段时间内，"集—射"极间电压 U_{CE} 基本不变。$T=t_2$ 以后，"集—射"极电压 U_{CE} 开始下降，U_{CE} 的下降过程分为 t_{vf1} 和 t_{vf2} 两段。下降时间 t_{vf1} 是 MOSFET 单独工作时"集—射"极电压下降时间（t_3-t_2），t_{vf2} 是 MOSFET 和 PNP 晶体管同时工作时"集—射"极电压下降时间（t_3-t_4），由于 U_{CE} 下降时，IGBT 中 MOSFET 的栅、漏电容增加，而且 IGBT 中的 PNP 晶体管由放大状态转入饱和状态也需要一个过程，因此，t_{vf2} 段电压的下降过程变缓。只有在 t_{vf2} 段结束时，IGBT 才完全进入饱和状态。所以，总导通时间 $t_{on}=t_d+t_r+t_{vf1}+t_{vf2}$。

（2）欲使 IGBT 关断时，给栅极施加反向脉冲电压 $-U_{GM}$，在此反向电压作用下，内部等效 MOSFET 输入电容放电，内部等效 GTR 仍然导通，t_5-t_6 时间内，集电极电流、电压无明显变化，这段时间定义为存储时间 t_s。t_6 时刻后，MOSFET 开始退出饱和，器件电压随之上升，PNP 晶体管集电极电流无明显变化。t_7 时刻 U_{CE} 上升到接近 U_{CM}，t_6-t_7 这段时间称电压上升时间 t_{vr}。之后，MOSFET 退出饱和，GTR 基极电流下降，集电极电流减小，从栅极电压 $+U_{GE}$ 的脉冲后沿下降到其幅值的 90% 的时刻起，到集电极电流下降至 90%I_{CM} 止（约为 t_5-t_7），这段时间为关断延迟时间 $t_{d(off)}$。此后，U_{GE} 继续衰减，到 t_8 时刻，U_{GE} 下降到 U_T，MOSFET 关断，PNP 晶体管基极电流为零，集电极电流下降到接近于零。集电极电流从 90%I_{CM} 下降至 10%I_{CM} 的这段时间为电流下降时间 t_{if}。由于晶体管内部存储电荷的消除还需要一定时间，因此 $t=t_8$ 以后，还有一个尾部时间 t_t，这段时间内，由于"集—射"极电压已经建立，会产生较大的损耗。定义 t_5-t_8 这段时间为关断时间 t_{off}，即 $t_{off}=t_{d(off)}+t_{if}+t_s+t_{vf}$。IGBT 内部由于双极型 PNP 晶体管的存在，带来了通流能力增大、器件耐压提高、器件通态压降降低等好处，但由于少了储存现象的出现，使得 IGBT 的开关速度比电力 MOSFET 的速度要低。

3. IGBT 的主要参数

（1）"集—射"极额定电压 U_{CES}：它是"栅—射"极短路时的 IGBT 最大耐压值，是根据器件的雪崩击穿电压规定的。

（2）"栅—射"极额定电压 U_{GES}：IGBT 是电压控制器件，靠加到栅极的电压信号来控制 IGBT 的导通和关断，而 U_{GES} 是栅极的电压控制信号额定值。通常，IGBT 对栅极的电压控制信号相当敏感，只有栅极在额定电压值很小的范围内，才能使 IGBT 导通，而不致损坏。

（3）"栅—射"极开启电压 $U_{GE(th)}$：它是指使 IGBT 导通所需的最小"栅—射"极电压。通常，IGBT 的开启电压 $U_{GE(th)}$ 在 3～5.5V。

（4）集电极额定电流 I_C：它是指在额定的测试温度（壳温为 25℃）条件下，IGBT 所允许的集电极最大直流电流。

（5）"集—射"极饱和电压 U_{CEO}：IGBT 在饱和导通时，通过额定电流的"集—射"极电压，代表了 IGBT 的通态损耗大小。通常，IGBT 的"集—射"极饱和电压 U_{CEO} 在 1.5～3V。

第二节 整流电路

整流电路是电力电子电路中出现最早的一种电路。它的作用是将交流电转变为直流电供给直流用电设备。整流电路按组成的器件可分为不可控整流电路、半控整流电路、全控整流电路三种；按电路结构可分为桥式电路和零式电路；按交流输入相数分为单相电路和多相电路；按变压器二次侧电流的方向是单向或双向，分为单拍电路和双拍电路。

变频器主电路中用的整流电路为不可控整流或半控整流电路。变频器主电路中用的整流触发电路相对简单，既非移相电路也非过零触发电路，振荡电路输出占空比达90%以上的矩形脉冲，几乎在任意时间内，都将触发信号送到三只可控硅的触发极。可以说，变频器在上电后，一旦可控硅受控导通，三只可控硅也即随时处于导通状态下，同三只普通整流二极管相差不大。本节只对变频器应用的不可控整流电路、半控整流电路进行分析解读。

交—直—交变频器、不间断电源、开关电源等应用场合大都采用不可控整流电路，最常用的是单相桥式和三相桥式两种接法。由于电路中的电子器件采用整流二极管，故也称这类电路为二极管整流电路。

一、电容滤波的单相桥式不可控整流电路

如图1-25（a）所示，电容滤波的单相不可控整流电路由$VD_1 \sim VD_4$四只二极管、滤波电容C组成。

（一）工作原理及波形分析

如图1-25（b）所示，在u_2正半周过零点至$\omega t = 0$期间，因$u_2 < u_d$，故二极管均不导通，此阶段电容C向R放电，提供负载所需电流，同时u_d下降。至$\omega t = 0$，u_2将要超过u_d，使得VD_1和VD_4开通，$u_d = u_2$，交流电源向电容充电，同时向负载R供电。电容被充电到$\omega t = \theta$时，$u_d = u_2$，VD_1和VD_4关断。电容开始以时间常数RC按指数函数放电。当$\omega t = \pi$，即放电经过$\pi - \theta$角时，u_d降至开始充电时的初值，另一对二极管VD_2和VD_3导通，此后u_2又向C充电，与u_2正半周的情况一样。

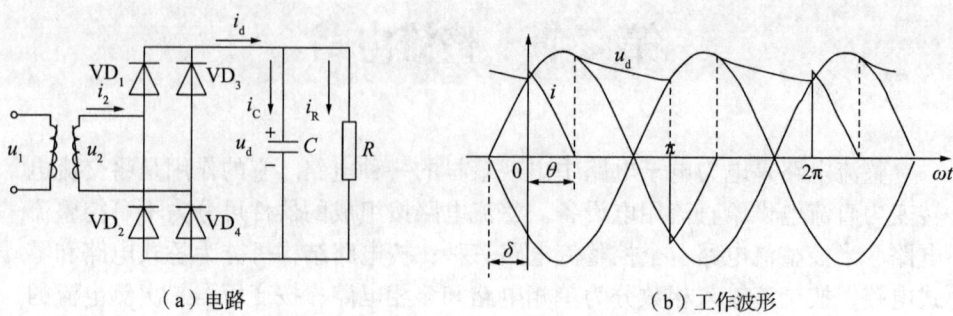

(a) 电路　　　　　　　　　　　(b) 工作波形

图 1-25　电容滤波的单相桥式不可控整流电路及其工作波形

（二）主要的物理量关系

（1）输出电压平均值空载时，$U_d = \sqrt{2}U_2$；重载时，U_d 逐渐趋近于 $0.9U_2$，即趋近于接近电阻负载时的特性。

（2）输出电流平均值 $I_R=U_d/R$。二极管电流 $I_D=I_D/2=I_R/2$。

（3）二极管承受的电压为线电压的峰值为 $\sqrt{2}U_2$。

二、感容滤波的单相桥式不可控整流电路

实际应用中为了抑制电流冲击，常在直流侧串联较小的电感，如图 1-26（a）所示这样 u_d 波形更平直，电流 i_2 的上升段平缓了许多，对于电路的工作是有利的，如图 1-26（b）所示。

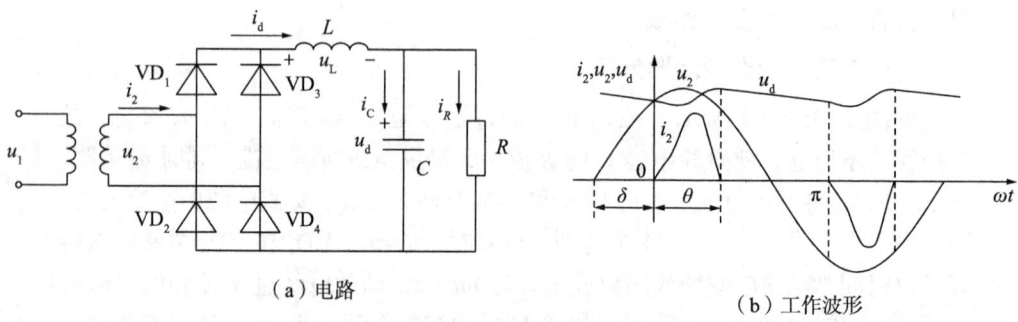

(a) 电路　　　　　　　　　　　(b) 工作波形

图 1-26　感容滤波的单相桥式不可控整流电路及其工作波形

三、电容滤波的三相不可控整流电路

如图 1-27 所示,电容滤波的三相不可控整流电路由 $VD_1 \sim VD_6$ 6 只二极管、滤波电容 C 组成。

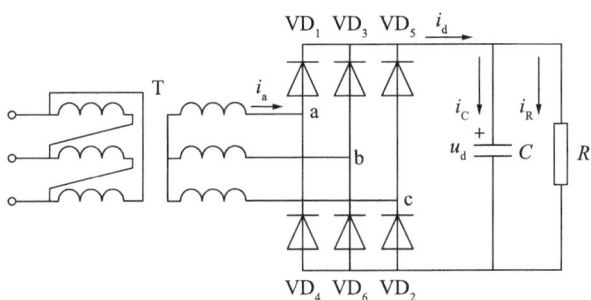

图 1-27 电容滤波的三相桥式不可控整流电路

(一)基本原理

电路导通时,由电容向负载放电当某一对二极管导通时,输出直流电压等于交流侧线电压中最大的一个,该线电压既向电容供电,也向负载供电。当没有二极管导通时,u_d 按指数规律下降。

(二)主要物理量关系

(1)输出电压平均值 U_d 在($2.34U_2 \sim 2.45U_2$)之间变化。
(2)输出电流平均值 $I_R=U_d/R$。
(3)电容电流 i_C 平均值为零,因此 $I_d=I_R$。
(4)二极管电流平均值为 I_d 的 1/3,即 $I_D=I_d/3=I_R/3$。
(5)二极管承受的电压为线电压的峰值,为 $\sqrt{6}U_2$。

四、考虑电感的三相桥式不可控整流电路

实际电路中存在交流侧电感以及为抑制冲击电流而串联的电感,如图 1-28 所示。有电感时,电流波形的前沿平缓了许多,有利于电路的正常工作。随着负载的加重,电流波形与电阻负载时的交流侧电流波形逐渐接近。

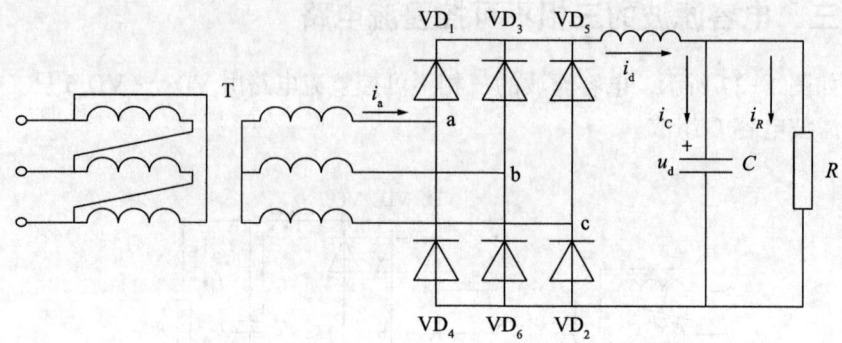

图1-28 考虑电感时电容滤波的三相桥式整流电路

第三节　电力电子变压变频电路

从整体结构上看，电力电子变压变频电路可分为交—直—交和交—交两大类。目前，通用变频器基本上使用交—直—交变频电路设计。交—直—交变压变频电路先将工频交流电源通过整流器变换成直流，再通过逆变器变换成可控频率和电压的交流，如图 1-29 所示。具体的整流和逆变电路种类很多，当前应用最广的是由二极管组成不控整流器和由功率开关器件（电力MOSFET、IGBT 等）组成的脉宽调制（PWM）逆变器，简称 PWM 变压变频器。

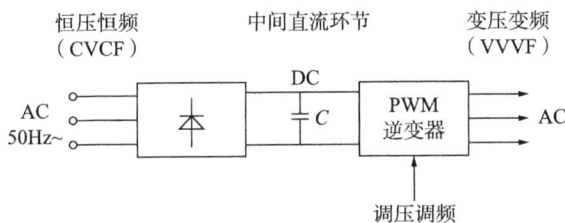

图 1-29　交—直—交 PWM 变压变频电路框图

一、PWM 变压变频器优点

PWM 变压变频器的应用之所以如此广泛，是由于它具有以下优点：

（1）在主电路整流和逆变两个单元中，只有逆变单元可控，通过它同时调节电压和频率，结构简单。采用全控型的功率开关器件，只通过驱动电压脉冲进行控制，电路也简单，效率高。

（2）转矩脉动小，提高了系统的调速范围和稳态性能。

（3）同时实现调压和调频，动态响应不受中间直流环节滤波器参数的影响，系统的动态性能也得以提高。

（4）采用不可控的二极管整流器，电源侧功率因素较高，且不受逆变输出电压大小的影响。

二、PWM 变频器主回路

如图 1-30 所示，PWM 变频器主回路包括：

（1）由6只二极管组成的不可控整流桥将三相交流电整流成电压恒定的直流电压。

（2）中间环节由串联电容组成滤波环减小直流电压脉动。

（3）由6只IGBT组成逆变电路将直流电压变换为频率与电压均可调的交流电。

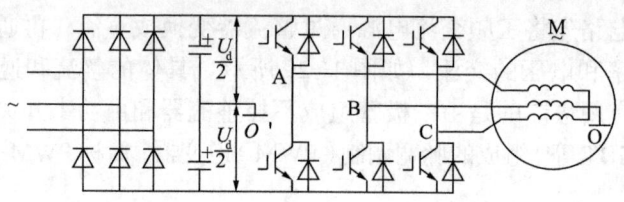

图1-30　PWM变频器主回路结构

三、PWM 逆变电路

在交—直—交变压变频电路中，按照中间直流环节直流电源性质的不同，逆变电路可以分成电压源型和电流源型两类，两种类型的实际区别在于直流环节采用怎样的滤波器，如图1-31所示。

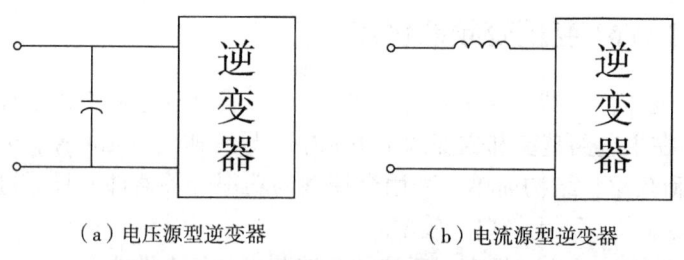

（a）电压源型逆变器　　　　　（b）电流源型逆变器

图1-31　电压源型和电流源型逆变器示意图

（1）电压源型逆变器，直流环节采用大电容滤波，因而直流电压波形比较平直，在理想情况下是一个内阻为零的恒压源，输出交流电压是矩形波或阶梯波。

（2）电流源型逆变器，直流环节采用大电感滤波，直流电流波形比较平直，相当于一个恒流源，输出交流电流是矩形波或阶梯波。

四、导通型逆变器

交—直—交变压变频电路中的逆变电路一般接成三相桥式电路,以便输出三相交流变频电源,如图 1-32 所示。6 个电力电子开关器件 $VT_1 \sim VT_6$ 组成三相逆变器主电路,图中用开关符号代表任何一种电力电子开关器件。

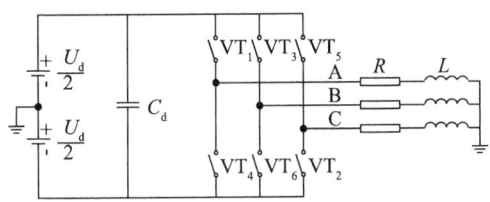

图 1-32 三相桥式逆变器主电路

控制各开关器件轮流导通和关断,可使输出端得到三相交流电压。在某一瞬间,控制一个开关器件关断,同时使另一个器件导通,就实现了两个器件之间的换流。在三相桥式逆变器中,有 180° 导通型和 120° 导通型两种换流方式。

第四节 PWM控制的基本原理

PWM控制就是脉宽调制技术，即通过对一系列脉冲的宽度进行调制，来等效的获得所需要的波形（含形状和幅值）。如直流斩波电路、斩控式调压电路和矩阵式变频电路均已涉及PWM控制。全控型器件的发展使得实现PWM控制变得十分容易，PWM控制技术在逆变电路中得到成功应用，现在使用的各种逆变电路都采用了PWM技术。

一、PWM控制的基本思想

冲量相等而形状不同的窄脉冲加在具有惯性的环节上时，其效果基本相同。冲量指窄脉冲的面积。效果基本相同，是指环节的输出响应波形基本相同。低频段非常接近，仅在高频段略有差异，如图1-33所示。

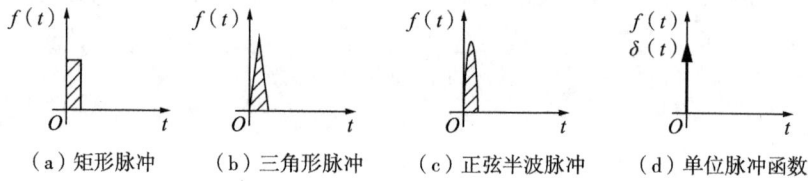

（a）矩形脉冲　　（b）三角形脉冲　　（c）正弦半波脉冲　　（d）单位脉冲函数

图1-33　形状不同而冲量相同的各种窄脉冲

分别将如图1-33所示的电压窄脉冲加在一阶惯性环节（R-L电路）上，如图1-34（a）所示。其输出电流$i(t)$对不同窄脉冲时的响应波形如图1-34（b）所示。从波形可以看出，在$i(t)$的上升段，$i(t)$的形状也略有不同，但其下降段则几乎完全相同。脉冲越窄，各$i(t)$响应波形的差异也越小。

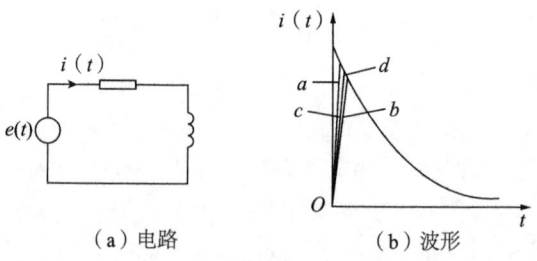

（a）电路　　　　　　（b）波形

图1-34　冲量相同的各种窄脉冲的响应波形

（一）正弦脉宽调制

将正弦半波分成 N 等份，就可以把正弦半波看成是由 N 个彼此相连的脉冲序列所组成的波形。这些脉冲宽度相等，都等于 π/N，但幅值不等，且脉冲顶部不是水平直线，而是曲线，各脉冲的幅值按正弦规律变化。如果把上述脉冲序列利用相同数量的等幅而不等宽的矩形脉冲代替，使矩形脉冲的中点和相应正弦波部分的中点重合，且使矩形脉冲和相应的正弦波部分面积（冲量）相等，这就是 PWM 波形。如图 1-35 所示，各脉冲的幅值相等，宽度按正弦规律变化。PWM 波形和正弦半波等效，即面积等效原理。对于正弦波的负半周，采取同样的方法得到 PWM 波形，如图 1-36 所示。脉冲列的各脉冲宽度按正弦规律变化（等效平均面积按正弦波变化）的 PWM 波形，称作 SPWM 波形。

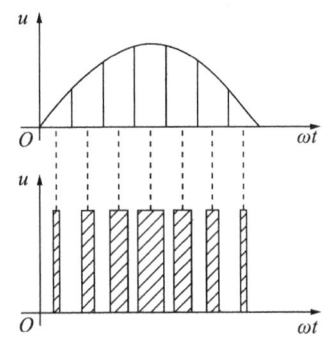

图 1-35　用 PWM 波代替正弦半波

（二）单极性 PWM

如图 1-36 所示，正半周均为正脉冲，负半周均为负脉冲，没有正、负两极性间的跳变，总是单极性跃变，故也称作单极性 PWM。整个波形包含有三种电平，即 $+U_d$，0V，$-U_d$，所以又被称作三电平 PWM（或者叫三点式 PWM）。其基波与原正弦波同频率，谐波仍存在。脉冲个数越多，正弦脉宽变化越平滑，则越逼近正弦，谐波亦越小，即开关频率高，则波形好，滤波也容易。

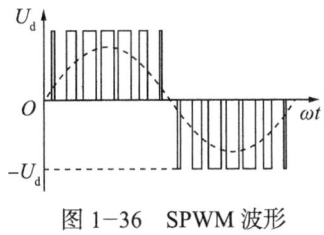

图 1-36　SPWM 波形

现以单相桥式电压型逆变电路为例,介绍单极型调制法如图 1-37 所示。单相桥式电压型逆变电路波形,如图 1-38 所示。在 u_r 的正半周,当 $u_r > u_c$ 时使 V_4 导通,V_3 关断,$u_0=U_d$;当 $u_r < u_c$ 时使 V_4 关断,V_3 导通,$u_0=0$。在 u_r 的负半周,当 $u_r < u_c$ 时使 V_3 导通,V_4 关断,$u_0=-U_d$;当 $u_r > u_c$ 时使 V_3 关断,V_4 导通,$u_0=0$。这样,可得 SPWM 波形 u_0。虚线 u_{of} 表示 u_0 中的基波分量。

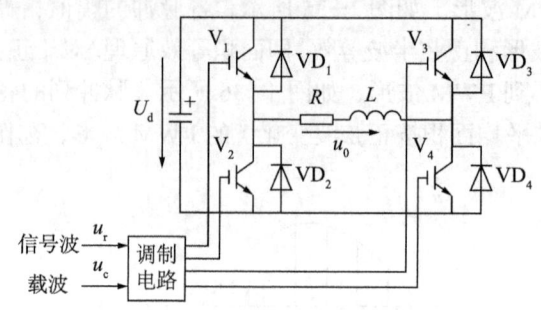

图 1-37 单相桥式电压型逆变电路

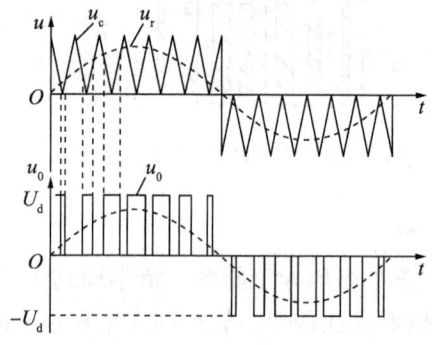

图 1-38 单相桥式电压型逆变电路波形

(三)双极性 PWM

采用双极性方式时,在 U_d 的半个周期内,三角波载波不再是单极性的,而是有正有负,所得的 PWM 波也是有正有负。在 u_r 的一个周期内,输出的 PWM 波只有 $\pm U_d$ 两种电平。采用双极性方式时,又称两点式 PWM 控制。仍然在调制信号 u_r 和载波信号 u_c 的交点时刻控制各开关器件的通断。

如图 1-39 所示,双极性 PWM 控制方式波形在 u_r 的正负半周,对各开关器件的控制规律相同。即当 $u_r > u_c$ 时,给 V_1 和 V_4 以导通信号,给 V_2 和

V_3 以关断信号，输出电压 $u_0=U_d$。当 $u_r < u_c$ 时，给 V_2 和 V_3 以导通信号，给 V_1 和 V_4 以关断信号，$u_0=-U_d$。

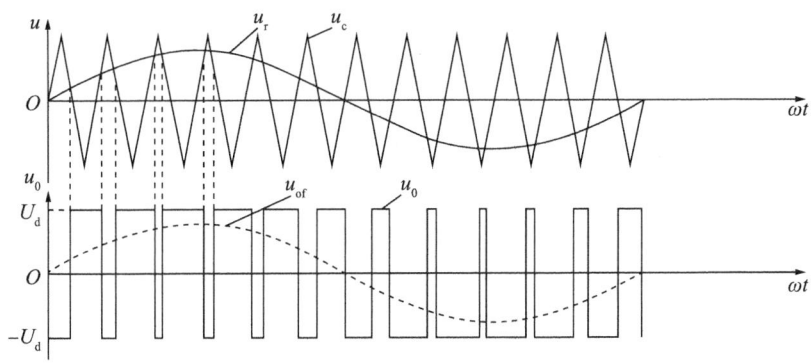

图 1-39 双极性 PWM 控制方式波形

（四）三相桥式逆变电路的 PWM 控制

产生 SPWM 控制信号的最基本的方法是载频三角波比较法调制，可通过模拟电子电路来实现：u_c 为高频载波，几赫兹到几十赫兹，等腰三角波，恒幅，来自三角波发生器；u_{rU}，u_{rV}，u_{rW} 分别为三相低频调制波参考信号，三相对称正弦，幅度与频率均连续可调，来自三相超低频正弦信号发生器。

三相桥式逆变电路的 PWM 控制采用双极性 PWM 控制方式，如图 1-40 所示。三相的调制信号 u_{rU}、u_{rV} 和 u_{rW} 依次相差 120°。每相调制正弦波分别与同一列三角波比较。产生相应的 SPWM 控制脉冲序列。当正弦波与等腰三角形左边比较时总是输出往下跳，与右边比较时总往上跳。U、V 和 W 各相功率开关器件的控制规律相同。

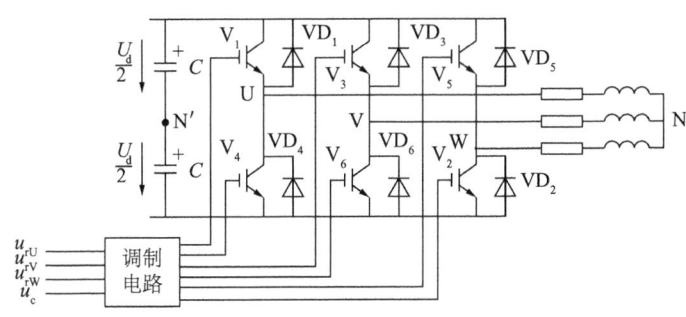

图 1-40 三相桥式 PWM 型逆变电路

以 U 相为例：当 $u_{rU} > u_C$ 时，给上桥臂 V_1 以导通信号，给下桥臂 V_4 以关断信号，则 U 相对于直流电源假想中点 N' 的输出电压 $u_{UN}' = U_d/2$。当 $u_{rU} < u_C$ 时，给 V_4 以导通信号，给 V_1 以关断信号，则 $u_{UN}' = -U_d/2$。V_1 和 V_4 的驱动信号始终是互补的。V 相及 W 相的控制方式都和 U 相相同。u_{UN}'、u_{VN}' 和 u_{WN}' 的 PWM 波形都只有 $\pm U_d/2$ 两种电平，即两点式 PWM。线电压波形 u_{UV} 的波形可由 $u_{UN}' - u_{VN}'$ 得出。可以看出，当臂 1 和 6 导通时，$u_{UV} = U_d$，当臂 3 和 4 导通时，$u_{UV} = -U_d$，当臂 1 和 3 或臂 4 和 6 导通时，$u_{UV} = 0$。因此，逆变器的输出线电压 PWM 波由 $\pm U_d$ 和 0 三种电平构成，即三点式（单极性）PWM 波形。负载相电压的 PWM 波由 $(\pm 2/3)U_d$、$(\pm 1/3)U_d$ 和 0 共 5 种电平组成。如图 1-41 所示为三相桥式 PWM 型逆变电路波形图。

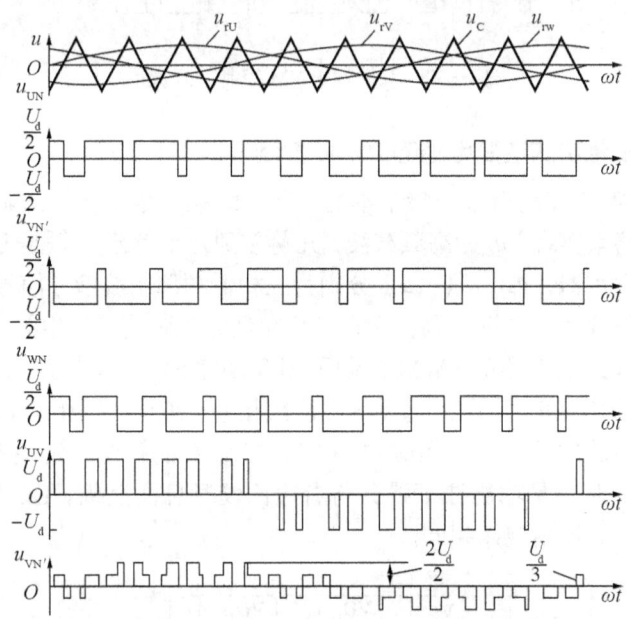

图 1-41 三相桥式 PWM 型逆变电路波形

第二章
变频调速基础知识

第一节 变频器发展历程

变频技术诞生背景是交流电动机无级调速的广泛需求。传统的直流调速技术因体积大、故障率高而应用受限。

20世纪60年代以后,电力电子器件普遍应用了晶闸管及其升级产品,但其调速性能远远无法满足需要。1968年以丹佛斯为代表的高技术企业开始批量生产变频器,开启了变频器工业化的新时代。

从20世纪70年代开始,脉宽调制变压变频(PWM-VVVF)调速的研究取得突破,80年代以后微处理器技术的完善使得各种优化算法得以容易的实现。

20世纪80年代中后期,美、日、德、英等发达国家的VVVF变频器技术实用化,商品投入市场,得到了广泛应用。其中,美国和德国凭借电子元件生产和电子技术的优势,高端产品迅速抢占市场。

步入21世纪后,国产变频器逐步崛起,现已逐渐抢占高端市场。上海和深圳成为国产变频器发展的前沿阵地。

在油田中以泵类负载为主,因而决定了变频器在油田中的应用应以节能为第一目标。油田中变频器的应用主要集中在游梁式抽油机控制、电潜泵控制、注水井控制和油气集输控制等几个场合。

变频调速技术作为高新技术、基础技术和节能技术,其应用已经渗透到石油行业的各个技术部门。在游梁式抽油机控制和电潜泵控制中的应用还处于开始阶段,在应用中也出现了许多问题,这些都待于进一步解决。只有充分考虑油田油井的实际情况,才能促进变频技术在采油设备中的应用。在油田注水和油气集输中的应用与生活中的恒压供水类似,其应用技术已经成熟,应用也十分普遍。

第二节　变频器使用中的安全问题

一、安全运行的注意事项分类

有关安全运行的注意事项分类成"警告"和"注意"。

（一）警告

潜在的危险情况，如果没有按要求操作，可能会导致人身重伤或者死亡的情况。

（二）注意

潜在的危险情况，如果没有按要求操作，会导致人身轻度或中度的伤害和设备损坏。

二、安全运行的注意事项

（1）核实变频器的额定电压必须和 AC 电源电压等级相一致，否则会导致人身伤害或着火。

（2）切勿使 AC 主回路电源和输出端子 U、V、W 相连接。连接时变频器会损坏。

（3）只能在装好面板后才能接通输入电源，通电时不要卸去外盖，否则会导致电击。

（4）通电情况下切勿触摸变频器内的高压端子，否则有触电的危险。

（5）因为变频器内有大量的电储存电能，应在断电至少 10min 后进行维护操作，此时充电指示灯彻底熄灭或确认正负母线电压在 36V 以下，否则有触电危险。

（6）电路通电时不要连接或断开导线及连接器，否则会导致人身伤害。

（7）电子元件容易被静电损坏，请不要触碰电子元件。

（8）变频器不能进行耐压试验，这会引起变频器内部半导体元件的损坏。

（9）上电前必须将盖板盖好，否则有触电和爆炸的危险。

（10）存储时间超过半年的变频器，上电时应先用调压器逐渐升压，否则有触电和爆炸的危险。

（11）不要用潮湿的手操作变频器，否则有触电的危险。

（12）必须由专业人员更换零件，严禁将线头或金属物遗留在机器内，否则有发生火灾的危险。

（13）更换控制板后，必须在运行前进行相应的参数设置，否则有损坏设备的危险。

（14）电动机首次使用或长时间放置后使用，应做电动机绝缘电阻不小于 5MΩ。

（15）若需要在 50h 以上运行时，请考虑机械装置的承受力。

（16）变频器在一些频率输出处若遇到负载装置的共振点，可通过设置变频器内跳跃频率参数来避开。

（17）不可将三相变频器改为两相使用，否则将导致故障或变频器损坏。

（18）在海拔高度超过 1000m 的地区，由于空气稀薄造成变频器散热效果变差，必须降容使用。

（19）标注适配电动机为四极鼠笼式异步电动机，若非上述电动机请一定按电动机额定电流选配变频器。

（20）不要采用接触器通断来控制变频器的启停，否则可能引起设备的损坏。

（21）请勿随意更改变频器厂家参数，否则造成设备损坏。

第三节 三相异步电动机调速方案

一、三相异步电动机工作原理

三相异步电动机是感应电动机的一种，是靠同时接入 380V 三相交流电流（相位差 120°）供电的一类电动机。由于三相异步电动机的转子与定子旋转磁场以相同的方向、不同的转速旋转，存在转差率，所以叫三相异步电动机。三相异步电动机转子的转速低于旋转磁场的转速，转子绕组因与磁场之间存在着相对运动而产生电动势和电流，并与磁场相互作用产生电磁转矩，实现能量变换。三相异步电动机的结构如图 2-1 所示。

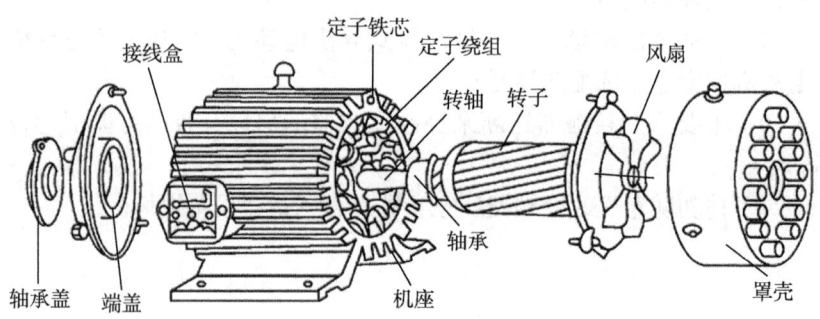

图 2-1　三相异步电动机结构图

当电动机的三相定子绕组（各相差 120° 角度），通入三相对称交流电后，将产生一个旋转磁场，该旋转磁场切割转子绕组，从而在转子绕组中产生感应电流（转子绕组是闭合通路），载流的转子导体在定子旋转磁场作用下将产生电磁力，从而在电动机转轴上形成电磁转矩，驱动电动机旋转，并且电动机旋转方向与旋转磁场方向相同。

二、三相异步电动机调速方式

在油田生产中三相交流异步电动机发挥着重要作用，为生产过程提供动力。各类生产机械需要有各自的运转速度。电动机的转速取决于电动机定子绕组的连接方式（定子磁极对数）和电源频率，公式为：

第二章 变频调速基础知识

$$n_1 = 60f/p \tag{2-1}$$

式中　n_1——同步转速，r/min；

　　　f——电源频率，Hz；

　　　p——电动机绕组的磁极对数。

我国的三相电源频率为固定的 50Hz，所以三相异步电动机转速是分级的，是由电动机的"极对数"决定的。三相异步电动机"极对数"是指定子磁场磁极的个数。定子绕组的连接方式不同，可形成定子磁场的不同极数。因此 2 极同步转速是 3000r/min，4 极同步转速是 1500r/min，6 极同步转速是 1000r/min，8 极同步转速是 750r/min。这几种速度都只是各种极数电动机的同步转速。同步转速，又称旋转磁场的速度，用 n_1 表示，其单位是"r/min"。它的大小由交流电源的频率及磁场的磁极对数决定，而非实际三相异步电动机输出的转速。

异步电动机要产生转矩，同步转速与异步转速必须有一定范围的差别，转速差与同步转速的比值，称为转差率，用 s 表示。可用式（2-2）表示：

$$s = (n_1 - n_2)/n_1 \tag{2-2}$$

式中　s——转差率；

　　　n_1——同步转速，r/min；

　　　n_2——异步转速，r/min。

由式（2-1）和式（2-2）可得出式（2-3），即交流异步电动机的转速公式：

$$n = 60f/p(1-s) = n_1(1-s) \tag{2-3}$$

式中　n——电动机额定转速；

　　　f——电源频率（我国为 50Hz）；

　　　p——极对数；

　　　s——转差率。

通过三相异步电动机的转速公式分析理解三相异步电动机的三种调速方式：

（1）变极调速。

（2）变 s（转差率）调速。

（3）变频调速。

通过公式可以看出，改变转差率 s 可以改变电动机转速，但是改变转差调试只适用于绕线式三相异步电动机；改变电动机的磁极对数 p 可以改变电动机的转速，是一种有极调速；改变电动机三相电源频率 f 可以改变电动机的转速，会发现通过改变三相异步电动机的电源频率可以实现无级调速。我国的电力系统频率为 50Hz，要实现变频调试，就必须有能够改变频率的电源设备给电动机供电，这种设备就称为变频器。

当采用变频调速时要考虑三相异步电动机磁饱和问题，普通的三相异步电动机出厂时是按照 AC380V 50Hz 设计。三相异步电动机的感应电动势方程式：

$$U_1 \approx E_1 = 4.44 f_1 N_1 k_{w1} \Phi_m \qquad (2-4)$$

式中　U_1——电动机的端电压，V；

　　　E_1——线圈电动势；

　　　f——频率，Hz；

　　　N_1——匝数；

　　　Φ_m——磁通。

通过方程式得知，电动机的感应电势基本等于电动机的端电压，且正比于频率和磁通的乘积。当频率下降且端电压保持不变时，势必造成磁通量的增加，磁通量增加将造成电动机磁饱和，电动机发热甚至烧毁。频率上升时（高于电源频率），磁通量将减少，造成电动机欠励，电动机转矩下降。无论过励还是欠励，对电动机都是不好的。因此，必须保持电动机磁通量恒定。当采用改变频率调速时，必须调整电动机端电压，这就是变频时电压要相应调节的原理。

三、变频三相异步电动机

随着变频技术的发展，变频电动机已经大量被使用。变频电动机从外形上看与普通三相异步电动机区别不大，只是外部增加了独立散热风扇。

（一）变频电动机和普通电动机的区别

电动机的效率和温升在变频驱动下，变频电动机效率会高 10% 左右，而温升会小 20% 左右，尤其是在矢量控制或者直接转矩控制的低频区域。变频电动机对于需要频繁启动、频繁调速、频繁制动的场合，要优于普通电动机。在电磁噪声和振动方面，变频电动机在变频驱动时较普通电动机有更低的噪声和更小的电磁振动。由于变频电动机专为变频器驱动设计，所以能承受较大的 d_u/d_t（电压对时间的变化率），所以变频电动机的绝缘强度高。最主要的区别,变频电动机有额外的散热(采用独立的轴流风机强迫通风),在低频、直流制动和一些特殊应用场合下的散热要大大地优于普通的交流异步电动机。普通电动机散热风扇装在轴上,低频时不利于电动机散热。

(二)变频电动机的优缺点

由于采用变频器供电后,电动机可以在很低的频率和电压下以无冲击电流的方式启动,并可利用变频器所提供的各种制动方式进行快速制动,为实现频繁启动和制动创造了条件,因而电动机的机械系统和电磁系统处于循环交变力的作用下,给机械结构和绝缘结构带来疲劳和加速老化问题。所以调频技术对电动机的要求主要是三个方面:

(1)绝缘等级。

(2)强制冷却。

(3)转子轴承。

如果超过基频向上调速,还要考虑电动机结构的机械强度。一般国产的普通电动机大部分只能在 AC380V/50Hz 的条件下运行,普通电动机能降频或升频使用,但范围不能太大,否则电动机会发热甚至烧坏。而变频电动机可在其调速范围内任意调速,电动机不会损坏。一般情况下,变频电动机以100% 额定负载在 10% ～ 100% 额定速度范围内连续运行,温升不会超过该电动机标定容许值。变频电动机的出现主要解决普通电动机在低速和高速运行的一些问题,即普通电动机在低速运行时电动机的散热问题和高速时电动机轴承的强度问题。

普通电动机的散热大多是空气自冷式,电动机的散热靠电动机端部的两片叶轮的搅动。当电动机的转速较低的时候,电动机的散热就成了问题。

相对于普通电动机,变频电动机价格不会贵很多,但是优势很明显。变频电动机采用"专用变频感应电动机+变频器"的交流调速方式,使机械自动化程度和生产效率大为提高,设备小型化,增加舒适性。所以变频电动机具有以下优点:

(1)具备软启动功能。

(2)采用电磁设计,减少了定子和转子的阻值。

(3)适应不同工况条件下的频繁变速。

(4)在一定程度上有节能作用。

第四节　负载转矩类型与变频器控制方式

一、负载转矩类型

（一）恒转矩负载

对于传送带、搅拌机、挤压成型机等摩擦负载，吊车或升降机等重力负载，无论其速度变化与否，负载所需要的转矩大体上是定值，称此类负载为恒转矩负载，其特性如图2-2（a）所示。在油田，典型的恒转矩负载有抽油机、行吊。恒转矩负载的变频调速基本上是在电动机额定频率以下进行。例如，吊车所吊起的重物、无论升降速度大小，其重量在地球引力的作用下而产生的重力是永远不变的，即为恒转矩负载。恒转矩负载消耗的能量与转速成正比。针对恒转矩负载在使用变频器进行调速时，为保证电动机磁通基本保持不变，需要对变频器的参数进行设置，选择通用型U/F曲线，如图2-2（b）所示。

对于恒转矩负载节能效果很小，因此恒转矩负载在采用变频器进行调速时，节能并非变频器应用的主要理由。

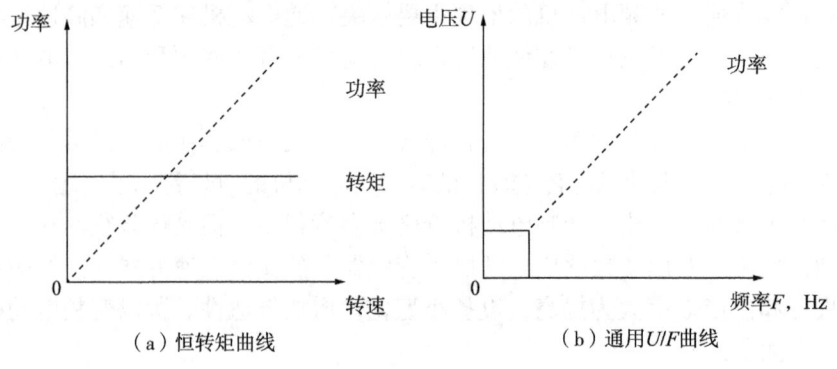

（a）恒转矩曲线　　　　　（b）通用U/F曲线

图2-2　恒转矩负载曲线

（二）恒功率负载

机床的主轴驱动，卷纸机、塑料胶片生产机械的中央传动部分，卷扬机等，输出功率为恒定值，与转速无关，这样的负载特性称为恒功率负载，其特性如图2-3（a）所示。例如，卷纸机要求以一定的速度和相同的张力卷取纸张。在卷取初期由于纸卷的直径较小，所以为保持恒速纸卷必须以较高速度旋转．而转矩可以较小；但随着纸卷直径的逐渐变大，纸卷的转速也应随之变低，而转矩则必须相应增大。在油田没有这种类型负载，不做过多的讨论。在采用变频器对此类设备调速时选择转矩型 U/F 曲线，如图 2-3（b）所示。由于恒功率负载的输出功率是常数，因此采用变频器调速运行的目的绝不是节能。

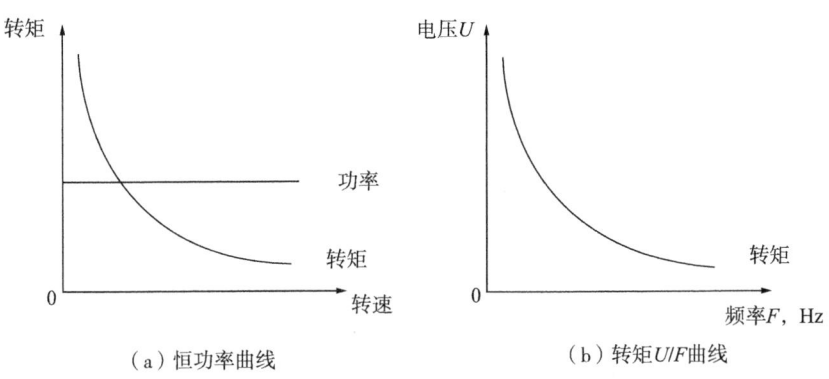

图 2-3　恒功率负载曲线

（三）平方转矩负载

风扇、风机、泵等流体机械（风机水力机械），在低速时流体的流速低，所以负载只需很小的转矩，而随着电动机转速的增加流速加快，所需转矩越来越大，其转矩大小以转速的平方的比例增加，这样的负载特性称之为平方转矩负载，其特性，如图 2-4（a）所示，在这种场合，因为负载所消耗的能量正比于转速的二次方，如图 2-4（b）所示，所以通过变频器控制流体机械的转速可以得到显著的节能效果。

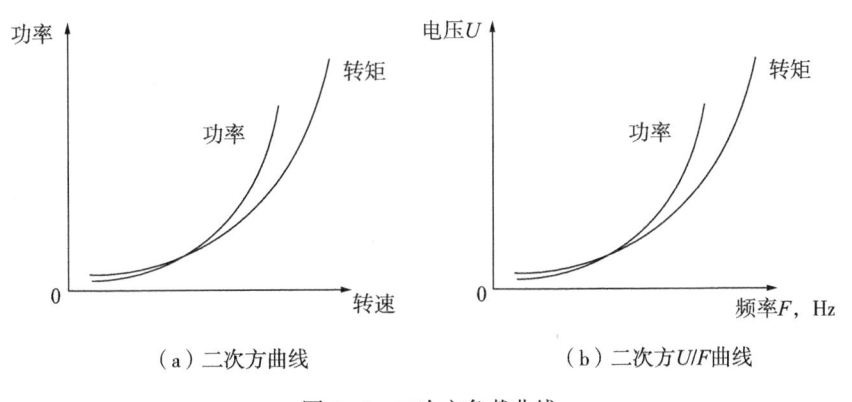

图 2-4　二次方负载曲线

各型变频器都提供了多种 U/F 曲线（实际就是一些子程序），由用户根据负载情况来选择及进行设定。在使用变频器调速时，要根据负载类型正确设置变频器 U/F 曲线参数。使用变频器主要作用是调速，节能并不是使用变频器的目的。

二、变频器控制方式

在变频器中使用的控制方式有 V/F 协调控制、转差频率控制、矢量控制、直接转矩控制等。油田机械设备在使用变频器时，其主要的目的是调速。虽然变频器的控制方式有多种，但是在油田实际应用中基本上采用 V/F 协调控制、矢量控制。其他控制方式在油田设备控制中很少使用。

（一）V/F 协调控制

变频器的 V/F 协调控制是变频器的一种控制方式。V/F 协调控制是为了得到理想的转矩—速度特性，基于在改变电源频率进行调速的同时，又要保证电动机的磁通不变而提出的，通用型变频器基本上都采用这种控制方式。V/F 协调控制变频器结构非常简单，但是这种变频器采用开环控制方式，不能达到较高的控制性能，而且，在低频时，必须进行转矩补偿，以改变低频转矩特性。

（1）在基准频率以下，变频器的输出电压和输出频率成正比关系，是输出恒转矩的一种控制方式，是变频器最基本的控制方式。曲线如图 2-3（b）所示。

（2）在基准频率以下，变频器的输出电压和输出频率呈二次方关系，是输出二次方转矩的一种控制方式。曲线如图 2-4（b）所示。

（3）在基准频率以上，我国的基本频率是 50Hz，低压电网的电压为 380V，变频器的输出频率在 50Hz 以上调整时，电压不再改变，是输出恒功率的一种方式。曲线如图 2-3（b）所示。

（二）矢量控制

矢量控制是将异步电动机的定子电流矢量分解为产生磁场的电流分量（励磁电流）和产生转矩的电流分量（转矩电流）分别加以控制，并同时控制两分量间的幅值和相位，即控制定子电流矢量，所以称这种控制方式称为矢量控制方式。

简单地说，矢量控制就是将磁链与转矩解耦，有利于分别设计两者的调节器，以实现对交流电动机的高性能调速。矢量控制方式又有基于转差频率控制的矢量控制方式、无位置传感器矢量控制方式和有位置传感器的矢量控制方式等。这样就可以将一台三相异步电动机等效为直流电动机来控制，因而获得与直流调速系统同样的静态性能、动态性能。矢量控制算法已被广泛地应用在 Siemens，ABB，Allen-Bradley，GE，Fuji，SAJ 等国际化大公司变频器上。目前国产变频器也大多具有矢量控制功能。

采用矢量控制方式的通用变频器不仅可在调速范围上与直流电动机相匹配，而且可以控制异步电动机产生的转矩。由于矢量控制方式所依据的是准确的被控异步电动机的参数，有的通用变频器在使用时需要准确地输入异步电动机的参数，有的通用变频器需要使用速度传感器和编码器。鉴于电动机参数有可能发生变化，会影响变频器对电动机的控制性能，并根据辨识结果调整控制算法中的有关参数，从而对普通的异步电动机进行有效的矢量控制。

第五节 变频器应用技术

一、变频器的概念

变频器（Variable-frequency Drive，VFD），是应用变频技术与微电子技术，通过改变电动机工作电源频率方式来控制交流电动机的电力控制设备。变频器的问世，使得交流调速在很大程度上取代了直流调速。

变频器主要由整流（交流变直流）、滤波、逆变（直流变交流）、制动单元、驱动单元、检测单元、微处理单元等组成。变频器靠内部IGBT的开断来调整输出电源的电压和频率，根据电动机的实际需要来提供其所需要的电源电压，进而达到节能、调速的目的。另外，变频器还有很多保护功能，如过流、过压、过载保护等。随着工业自动化程度的不断提高，变频器也得到了非常广泛的应用。

二、变频器铭牌信息

尽管变频器生产厂家不同，型号各异，但是结构是大致相同的。

如图2-5所示，为森兰变频调速器铭牌上提供的信息。变频器铭牌可以查看到的重要信息包括名称"森兰变频调速器"、型号"SB60G⁺7.5"（其中字母G表示这台变频器为通用型"G型机"）、输入电压频率"3相380V""50、60Hz"、输出电压频率"3相0～380V""0.1～400Hz"、额定电流"18A"、额定功率"7.5kW"等信息。机器类型除了通用型"G型机"还包括风机/水泵专用型"P型机"、矢量型"高转矩机"。各机型硬件电路是一样的，只是区别于软件控制和过载能力。G是重载，P是轻载。一般风机水泵都会选轻载（罗茨风机，深井泵等除外）。恒转矩负载就会选择重载甚至还要再大一挡（传送带、搅拌机、挤压机等摩擦类负载以及吊车、提升机等位能负载都属于恒转矩负载）；在油田的重载设备就是抽油机。恒功率负载一般都会选重载（机床主轴和轧机、造纸机、塑料薄膜生产线中的卷取机、开卷机等），但要根据电动机带的负载而定，比如传送带上面放满东西了，此时负载很重，还要要求电动机输出转矩恒定，电流就有可能变大，所以要选择变频器重载甚至再大一挡。而造纸机塑料薄膜生产线，负载不会有太大的变化,所以选择重载就好了。

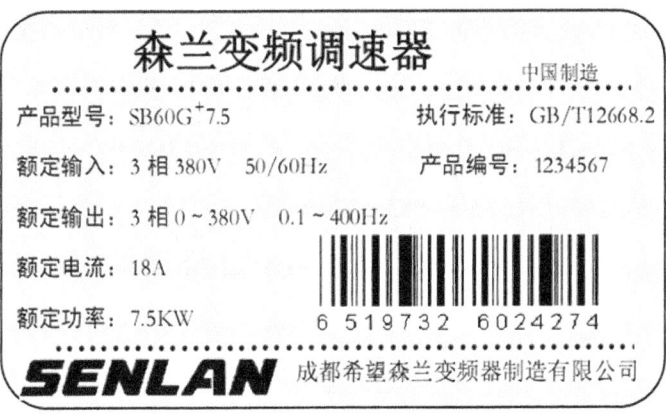

图 2-5　变频器铭牌

图 2-6 为台达 1HP 230V 变频器铭牌。

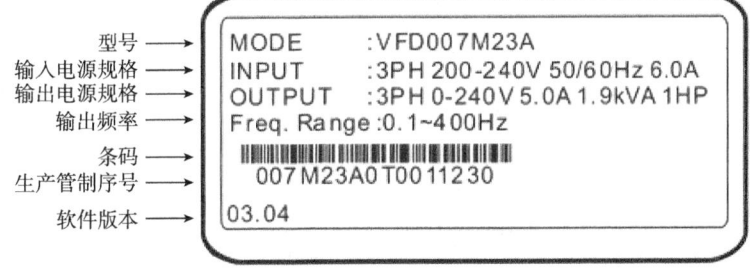

图 2-6　台达变频器铭牌

图 2-7 为台达 1HP 230V 变频器型号说明。

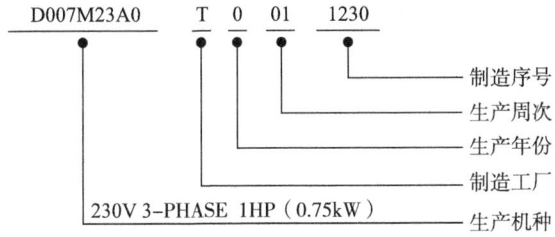

图 2-7　台达变频器型号说明

图 2-8 为台达 1HP 230V 变频器序号说明。

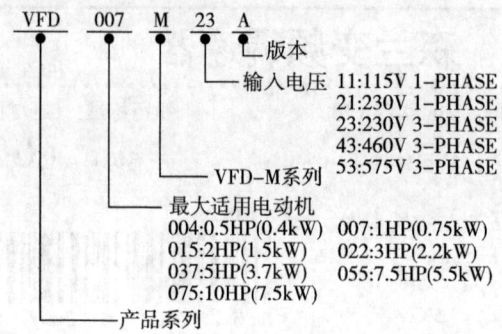

图 2-8 序列号说明

三、变频器外部接线

变频器是靠端子与外部连接，端子分为主回路端子和控制回路端子，主回路端子又分为输入端子和输出端子。变频器的输入端子又分为三相输入端子和单相输入端子，而变频器输出均为三相输出。

（一）变频器主回路端子

三相外接端子如图 2-9 所示。

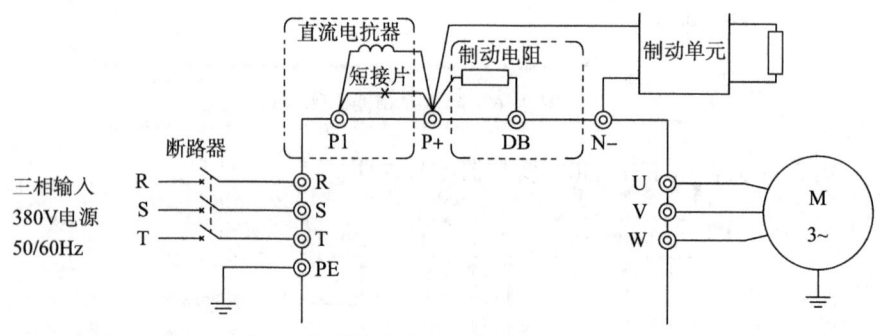

图 2-9 变频器主回路端子

各端子功能见表 2-1。

第二章 变频调速基础知识

表2-1 变频器主回路端子功能

端子	功能	备注
R、S、T	三相电源（单相变频器为R、S）	对于变频器，三相输入不分相序
P+	直流母线"+"极接外部电抗器	出厂时与"P1"短接
P1	外接电抗器	出厂时与"P+"短接
DB	外接制动电阻	
N-	直流母线"-"	与P+提供外接制动单元
PE	接地端子	
U、V、W	三相异步电动机接线端子	

（二）变频器控制回路端子

1. 变频器的输入控制端子

变频器除了可以通过操作面板进行控制，还可以通过输入控制端子接入的模拟信号、开关信号实现各种所需要的控制方式，如图2-10所示。

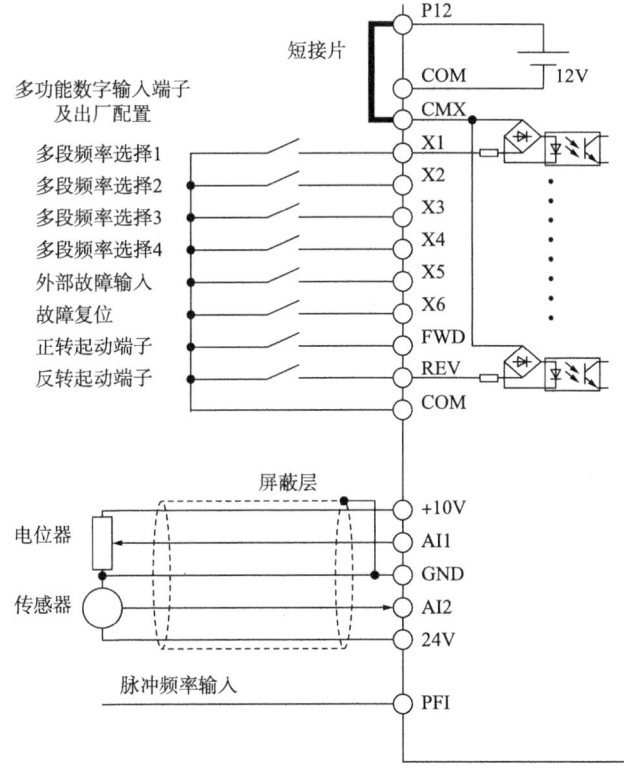

图2-10 变频器主回路端子功能

（1）开关量输入端子。开关量输入端子接受外部开关信号，控制变频器的工作状态，包括基本控制端子正转（FWD）、反转（REV）等，还包括可编程的多功能端子，如图2-10所示。X1~X6可以通过变频器参数设置实现多段速度控制、数字频率给定等功能。

（2）模拟量输入端子，是从外部输入模拟量信号的端子，其中可以通过+10V，AI1，GND接入电位器，对变频进行频率给定，通过24V，AI2，GND接入各类传感器信号进行频率给定。

（3）变频器的模拟量给定信号。电压信号：0~10V，-10~+10V；电流信号：0~20mA，4~20mA。模拟信号的物理量与变频的上下限频率相对应实现频率给定。

2. 变频器的输出控制端子

如图2-11所示，变频器输出端子主要包括故障输出端子、报警端子、晶体管输出端子、多功能输出端子以及RS485通信接口。

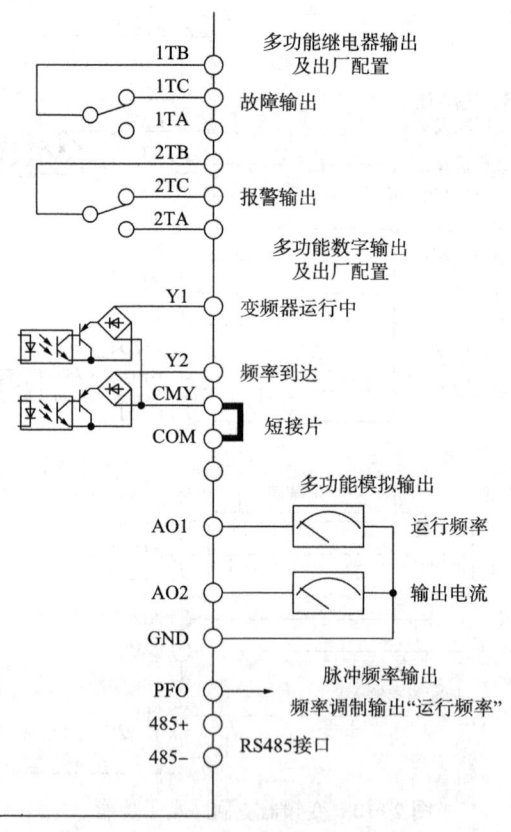

图2-11 变频器输出控制端子

（1）故障输出端子。当变频器因故障停止运行，继电器动作对外部电路进行控制。如图2-11所示，1TB，1TC，1TA；2TB，2TC，2TA两组常开、常闭接点，触点容量为3A、220V，可以控制外部继电器动作或信号指示。

（2）多功能数字端子。输出开关量信号，可以输出变频器的各种运行状态信号，包括运行信号、频率到达、频率检测等信号。具体输出信号可以通过变频器参数进行设置。如图2-11所示的Y1，Y2端子，由于多功能端子采用的是晶体管输出，所以只能在电压为24V小电流下使用。

（3）多功能模拟量端子。主要用于外接仪表，对变频器的运行参数进行显示，需要根据测量内容对外接仪表进行参数设置，如图2-11所示的A01，A02端子。

多功能端子输出的电流或者电压信号与被测信号成正比。例如外接频率表，当变频器的输出频率在0～50Hz变化时，其对应的多功能端子将在0～10V或者0～20mA之间变化成正比关系。

（4）RS485通信接口实现变频器与PLC、触摸屏、工控软件等上位机进行通信，通信时需要对变频的通信协议进行设置。

四、常用变频器外部接线

变频器外部接线图，在各品牌变频器使用手册中均有介绍。如图2-12所示为森兰变频器外部接线图。如图2-13所示为台达变频器外部接线图。这两款变频器手册为中文编写，语法上符合中文阅读习惯。

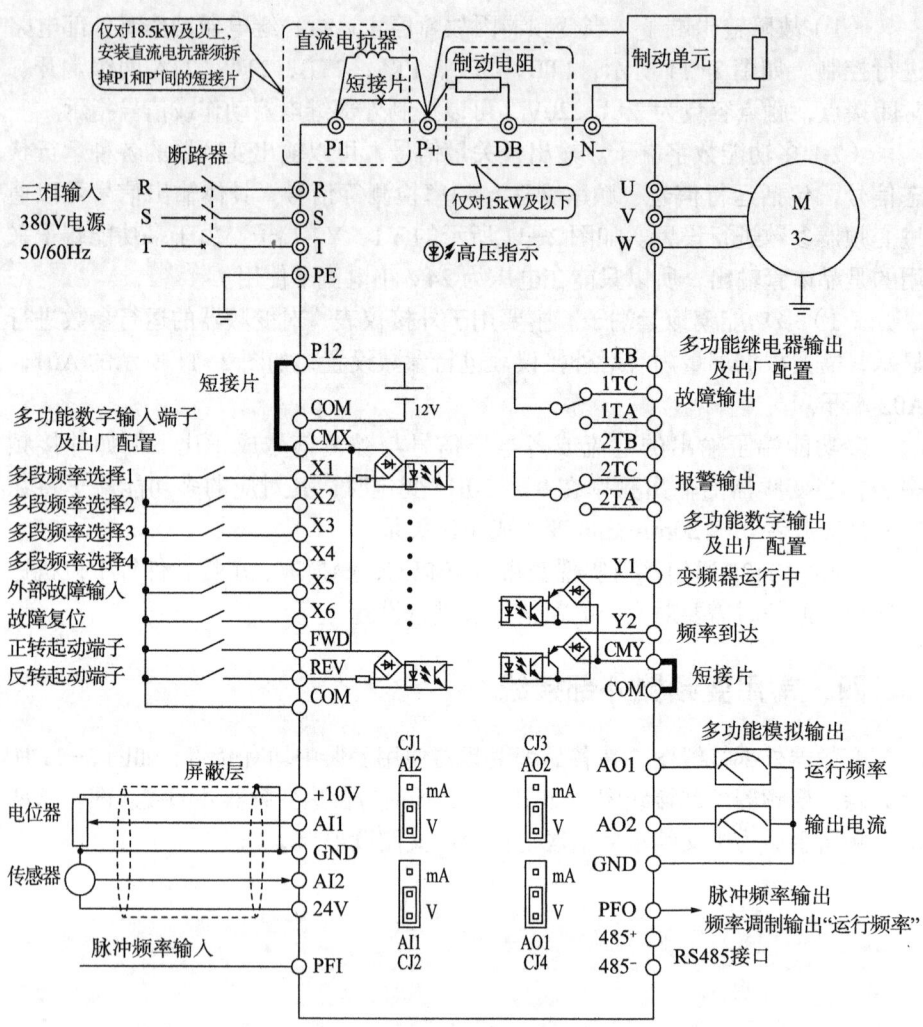

图 2-12 SB70G 系列变频器外部接线

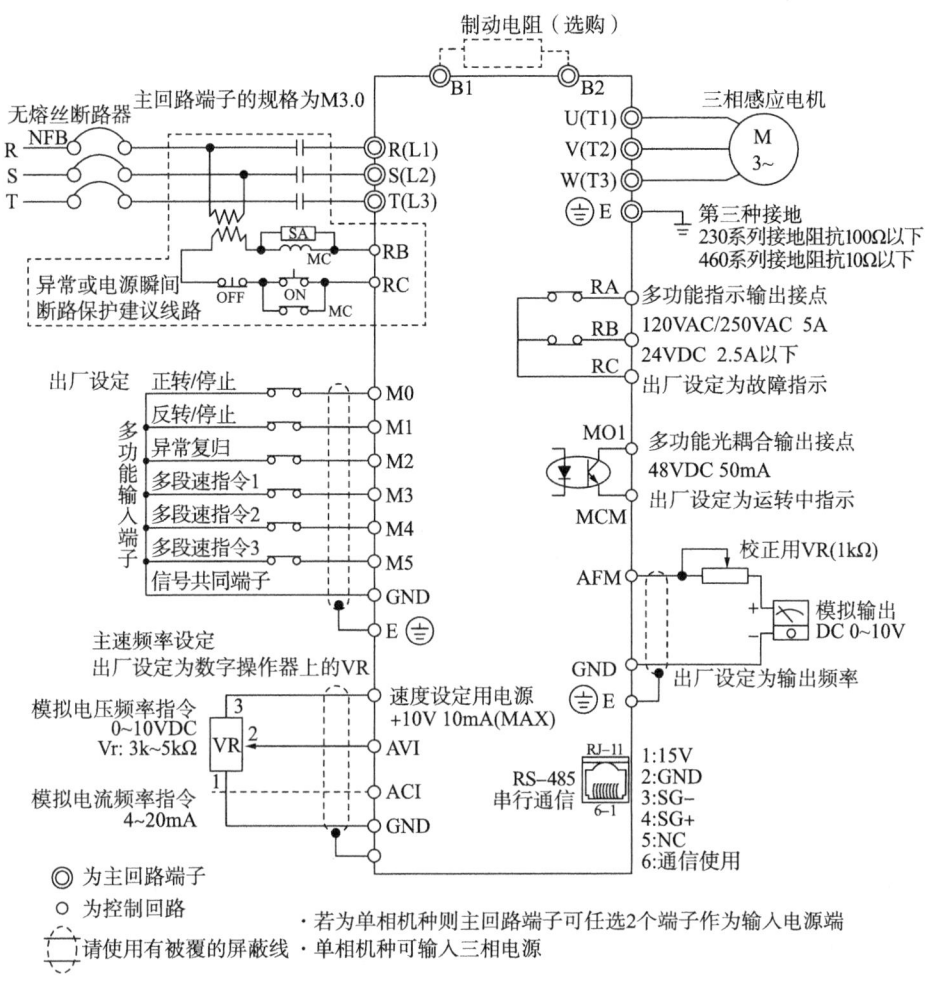

图 2-13 VFD-M 系列变频器外部接线图

第六节　变频器的显示面板

关于变频器的显示面板，尽管生产厂家不同，型号各异，但是基本的显示功能和操作大致相同。如图 2-14 所示为变频器显示面板是某一品牌变频器的操作面板。下面介绍主要部分的作用。

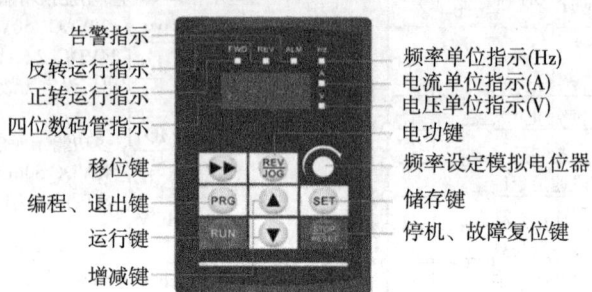

图 2-14　变频器显示面板

一、显示部分

（一）LED 显示屏

LED 显示屏显示变频器运行时的各种运行数据，主要有频率、电流、电压等，当变频器故障时可以显示故障代码信息。LED 显示屏七段显示器对照表见表 2-2。

表 2-2　七段显示器对照表

数字	0	1	2	3	4	5	6	7	8	9
7段显示器	0	1	2	3	4	5	6	7	8	9
英文字母	A	b	Cc	d	E	F	G	Hh	I	Jj
7段显示器	A	b	Cc	d	E	F	G	Hh	I	J
英文字母	K	L	n	Oo	P	q	r	S	Tt	U
7段显示器	Y	L	n	Oo	P	q	r	S	Tt	U
英文字母	v	Y	Z							
7段显示器	u	Y	:							

(二) LED 状态指示灯

LED 状态指示灯指示变频器的运行状态,如正反转、故障指示,如图 2-14 所示。

二、变频器操作面板键盘

键盘是控制变频器运行的操作键,它是变频器最基本的控制通道。如图 2-15 所示,下面介绍其主要部分的作用。

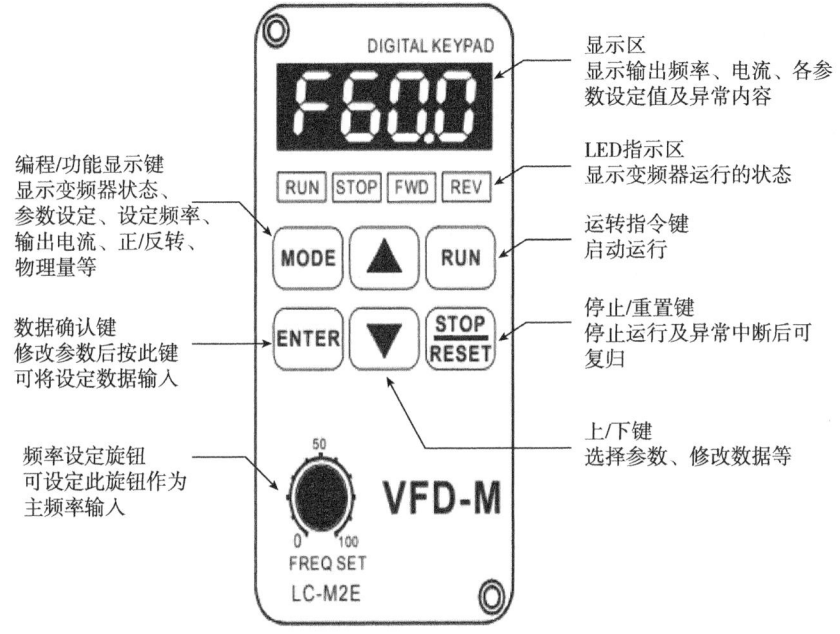

图 2-15 台达 VFD-M 系列产品数字操作面板

(一) 模式转换键

模式转换键用于更改工作模式,如运行模式、参数模式等,如图 2-15 所示。其中,"PRG"键的作用为由现行画面转换为参数菜单画面,或者由运行模式转换到初始画面。

(二) 数据增、减键

数据增、减键用于增加或减小数据,如图 2-15 所示。其中,"▲"键的作用为在选择菜单或参数时,选择上面的菜单或参数;在调整参数时,增大显示值。"▼"键的作用为在选择菜单或参数时，选择下一菜单或参数；在调整参数时，减小显示值。

（三）读出、写入键

读出、写入键在参数模式下，用于"读出"原有数据或"写入"新数据，如图 2-15 所示的。SET 键或者"ENTER"键"FUNC/DATA"键。

（四）运行操作键

运行操作键在运行模式下，用于进行"运行""停止"或正转、反转、点动等操作，如图 2-15 所示的 RUN（运行）、JOG（点动）、STOP（停止）键。

（五）复位键

复位键用于在故障跳闸后，使变频器恢复为正常状态，如图 2-15 所示的"RESET"键。

（六）切换键

切换键主要是用于控制面板所监视的参数之间的切换，如图 2-15 所示的"REV"键。比如，现在监视的是频率，按一下此键，可能监视的就是额定电压、额定电流之类的参数。

第七节 变频器基本构成与三相变频器整机电路

一、变频器基本构成

（一）变频器主电路

变频器主电路是给异步电动机提供调压调频电源的电力变换部分，变频器的主电路大体上可分为两类：电压型是将电压源的直流变换为交流的变频器，直流回路的滤波是电容。电流型是将电流源的直流变换为交流的变频器，其直流回路滤波是电感。它由三部分构成，将工频电源变换为直流功率的"整流器"，吸收在变流器和逆变器之间产生的电压脉动的"平波回路"，以及将直流功率变换为交流功率的逆变器。现在大量使用的是交—直—交变频技术。如图2-16所示，为交—直—交通用变频器系统框图。下面简单了解一下交—直—交变频器基本原理。

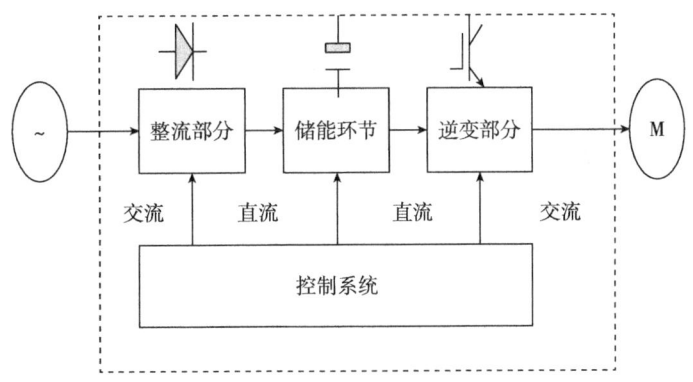

图2-16 交—直—交通用变频器系统框图

1. 整流部分

利用二极管或者可控硅单向导通特性把工频电源交流电变换为直流电。

2. 平波回路（储能环节）

在整流器整流后的直流电压中，含有电源6倍频率的脉动电压，此外逆变器产生的脉动电流也使直流电压变动。为了抑制电压波动，采用电感和电容吸收脉动电压（电流）。装置容量小时，如果电源和主电路构成器件有余量，可以省去电感采用简单的平波回路。

3. 逆变部分

同整流器相反，逆变器是将直流功率变换为所要求频率的交流功率，以所确定的时间使6个开关器件有规律地导通、关断就可以得到三相交流电输出。

（二）控制系统

控制电路是给异步电动机供电（电压、频率可调）的主电路提供控制信号的回路，它由频率、电压的"运算电路"，主电路的"电压、电流检测电路"，电动机的"速度检测电路"，将运算电路的控制信号进行放大的"驱动电路"，以及逆变器和电动机的"保护电路"组成。各部分的简要说明：

1. 运算电路

将外部的速度、转矩等指令同检测电路的电流、电压信号进行比较运算，决定逆变器的输出电压、频率。

2. 电压、电流检测电路

与主回路电位隔离检测电压、电流等。

3. 驱动电路

驱动主电路器件的电路。它与控制电路隔离使主电路器件导通、关断。

4. 速度检测电路

以装在异步电动机轴机上的速度检测器的信号为速度信号，送入运算回路，根据指令和运算可使电动机按指令速度运转。

5. 保护电路

检测主电路的电压、电流等，当发生过载或过电压等异常时，防止逆变器和异步电动机损坏。

二、三相变频器整机电路

在应用和维修中经常见到的变频器，因为主电路的中间环节有一个电容储能电路，又称为电压型变频器，其逆变电路是由电容储能提供电源供应的；电路的能量传递为交—直—交方式，将输入三相交流电压先由整流桥电路整流和电容滤波（储能）变成直流电压，再逆变为交流输出。变频器本身是一个逆变器，比之于工频电源，变频器是一个输出频率（和电压）可变的三相电源,具有(从几伏至400V)从零赫兹到几百赫兹的频率输出范围。在图2-17中的上部主电路揭示了电压型变频器的主电路结构,下半部分则为控制电路,其主要任务是生成逆变功率电路所需的6路脉冲信号,并承担故障检测、停机保护和操作控制等任务。

(一)变频器的主电路

变频器的主电路(图2-17)由三相整流电路、储能电容(滤波)电路和IGBT(功率模块)构成,在整流电路和储能电容之间,还增设一个由限流电阻R1、KM1接触器主触头的预充电(或称为充电限流)电路,在上电期间先由R1对储能电容C1、C2进行限流充电,充电完成后,KM1动作,短接R1,使变频器进入待机工作状态。有些机型将整流二极管D1、D3、D5换成单向晶闸管器件,控制晶闸管在电容充电过程结束后导通,由此可省去接触器KM1(具体电路见后文所述)。逆变功率电路由Q1～Q6等6只IGBT(功率模块)组成,每只IGBT的集电极和发射极之间并联有反向连接的二极管,是与IGBT密切结合在一体的(并不是外接的),提供IGBT的反向电流通路,消除反向电压对IGBT的威胁,在负载电动机因超速产生发电时,提供电动机的发电电能向直流回路的回馈通路。

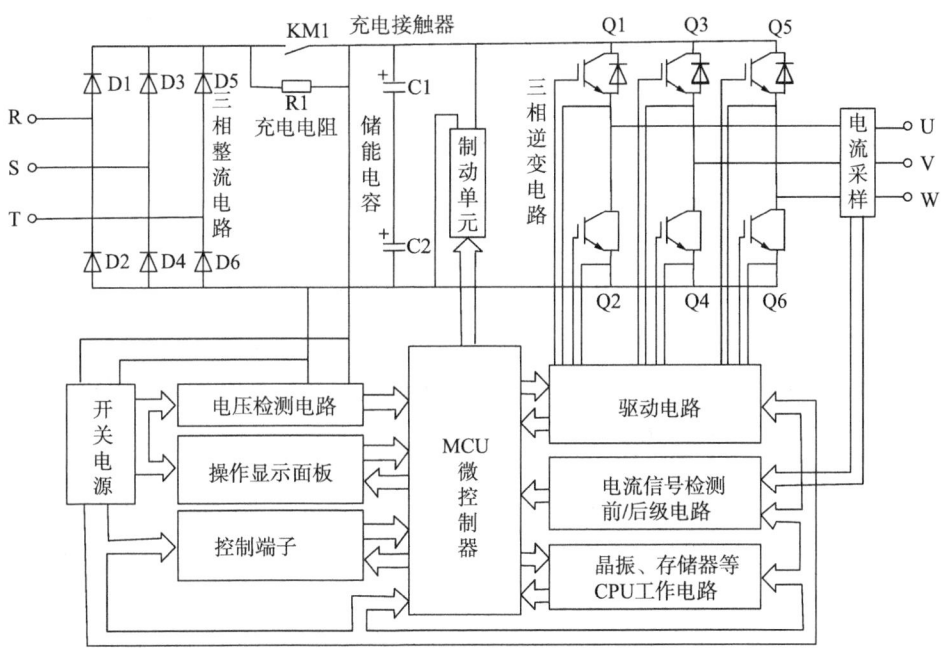

图2-17 三相变频器整机电路构成

变频器的功率级别往往以 18.5kW/P 型（15kW/G 型）为分界线，大于此者为中功率机型，小于此者为小功率机型。小功率机型中，整流电路和逆变功率电路往往采用一体化模块电路。为降低生产成本，有些机型中逆变功率电路采用 6 只 IGBT 分立器件。中功率机型中，整流电路与逆变功率电路多采用双管式功率模块（整流模块内含两只整流二极管，逆变模块内含两只 IGBT 功率管）。大功率机型采用多只功率模块并联，以提升电流/功率输出能力。

小功率机型中，机器内部往往内置制动开关管和制动电阻，对负载电动机回馈的反发电能量进行消耗，以保障储能电容和逆变功率电路的安全。大功率、中功率机型中，制动单元和制动电阻必须经主电路引出端子外接。

（二）变频器的控制电路

变频器的控制电路是以 MCU（单片机或称微控制器）为核心的，包括工作电源（开关电源电路）、电压、电流等检测（故障报警、保护）电路，IGBT 驱动电路、操作控制电路和 MCU 基本电路等五大部分，如图 2-17 所示。

1. 开关电源电路

一般是从主电路的直流回路（C1、C2 两端）取得 530V 直流供电，经 DC-AC-DC 变换，取得 +5V、+15V、-15V、24V 等几路稳定直流电压，供控制电路的工作电源。IGBT 驱动电路所需的 4 路或 6 路驱动电源也由开关电源电路供给。

2. 驱动电路

MCU 引脚输出的 6 路脉冲信号由缓冲电路输入至驱动电路，经光电转换和隔离、功率放大后，用于驱动 IGBT，使之按一定规律导通和截止，将 DC530V 电源逆变成三相交流电压输出。

3. 电流、电压、功率模块温度、OC（过电流）故障等检测电路

从主电路的直流回路取得电压检测信号，用于直流电压值显示以及过、欠电压报警和停机保护等；从 U、V、W 输出端串接电流互感器（霍尔元器件及电路），对输出电流进行检测，用于运行电流显示、输出控制、过载报警与停机保护等；温度传感器安装于散热片上，检测逆变功率模块的温度变化，异常时实施超温报警和停机保护，并控制散热风扇的运转；驱动电路一般有 IGBT 的故障检测功能，逆变功率电路工作异常时，产生 OC（过电流）信号，用于报警和停机保护。

4. 操作控制电路

变频器的控制端子内部电路(包括辅助电源、数字/模拟输入/输出电路)、操作显示面板等电路,对变频器完成启、停、通信等控制功能。面板同时有运行状态监控功能。

5.MCU 基本电路

以上电路的检测信号和控制信号最后都输入 MCU,进行软件程序处理后,输出 6 路脉冲信号和相关控制信号。MCU 器件作为"指挥中心",对整机的正常工作进行有序协调,集中处理输入、输出信号。+5V 工作电源、复位电路、晶振电路、外挂存储器电路等形成 MCU 工作的基本条件,故称为 MCU 基本电路。从维修角度考虑,MCU 的接口电路、操作显示电路等也并入其基本电路的范畴之内。

第三章
变频器基础应用

第一节 变频器的选择

一、概述

（一）变频器的容量

大多数变频器的容量均以所适用的电动机的功率（单位用 kW 表示）、变频器输出的视在功率（单位用 kV·A 表示）和变频器的输出电流（单位用 A 表示）来表示。其中，最重要的是额定电流，它是指变频器连续运行时，允许输出的电流。额定容量是指额定输出电流与额定输出电压下的三相视在功率。

至于变频器所适用的电动机功率，是以标准的 4 极电动机为对象，在变频器的额定输出电流限度内，可以拖动的电动机的功率。如果是 6 极以上的异步电动机，在同样的功率下，由于其功率因数比 4 极异步电动机的功率因数低，故其额定电流比 4 极异步电动机的额定电流大。所以，变频器的额定电流应该相应扩大，以使变频器的电流不超出其允许值。

另外，电网电压下降时，变频器输出电压会低于额定值，在保证变频器输出电流不超出其允许值的情况下，变频器的额定容量会随之减小。可见，变频器的容量很难确切表达变频器的负载能力。所以，变频器的额定容量只能作为变频器负载能力的一种辅助表达手段。

由此可见，选择变频器的容量时，变频器的额定输出电流是一个关键量。因此，采用 4 极以上电动机或者多台电动机并联时，必须以负载总电流不超过变频器的额定输出电流为原则。

（二）变频器的输出电压和输入电压

变频器的输出电压的等级是为适应异步电动机的电压等级而设计的。通常等于电动机的工频额定电压。

变频器的输入电压一般是以适用电压范围给出，它是允许的输入电压变化范围。如果电源电压大幅上升超过变频器内部器件允许电压时，则元（器）件会有被损坏的危险。相反，若电源电压大幅度下降，就有可能造成控制电源电压下降，引起 CPU 工作异常，逆变器驱动功率不足，管压降增加、损耗加大而造成逆变器模块永久性损坏。因此，电源电压过高、过低对变频器都是有害的。

（三）变频器的输出频率

变频器的最高输出频率根据机种不同而有很大的差别，一般有 50Hz、60Hz、120Hz、240Hz 以及更高的输出频率。以在额定转速以下范围内进行调速运转为目的，大容量通用变频器几乎都具有 50Hz 或 60Hz 的输出频率。最高输出频率超过工频的变频器多为小容量，在 50Hz 或 60Hz 以上区域，由于输出电压不变，为恒功率特性，要注意在高速区转矩的减小，而且还要注意，不要超过电动机和负载容许的最高速度。

（四）变频器的瞬时过载能力

基于主回路半导体开关器件的过载能力，考虑到成本问题，通过变频器的电流瞬时过载能力常常设计为 150% 额定电流、持续时间 1min 或 120% 额定电流、持续时间 1min。与标准异步电动机（过载能力通常为 200% 左右）相比较，变频器的过载能力较小，允许过载时间亦很短。因此，在变频器传动的情况下，异步电动机的过载能力常常得不到充分的发挥。此外，如果考虑到通用电动机的散热能力的变化，在不同转速下，电动机的过载能力还要有所变化。

二、变频器类型的选择

根据控制功能，将通用变频器分为三种类型：普通功能型 U/F 控制变频器；具有转矩控制功能的高性能 U/F 控制变频器；矢量控制高性能型变频器。变频器类型的选择，要根据负载的要求来进行。人们在实践中根据生产机械的特性将其分为恒转矩负载、恒功率负载和风机、泵类负载三种类型。选择变频器时自然应以负载的机械特性为基本依据。

（一）风机、泵类负载

风机、泵类负载又称为平方转矩负载。风机、泵类负载的特点是负载转矩与转速的平方成正比，低速下负载转矩较小，通常可以选择普通功能型 U/F 控制变频器。

（二）恒转矩负载

对于恒转矩负载，则有两种选用情况。采用普通功能型变频器的例子不少，为了实现恒转矩调速，常采用加大电动机和变频器的容量的方法，以提高低速转矩；如果采用具有转矩控制功能的高性能型变频器，来实现恒转矩负载的调速运行，则是比较理想的。因为这种变频器低速转矩大、静态机械特性硬度大、不怕冲击性负载。

对动态性能要求较高的轧钢、造纸、塑料薄膜生产线，可以采用精度高、响应快的矢量控制的高性能型通用变频器。

（三）恒功率负载

对于恒功率负载特性是依靠 U/F 控制方式来实现的，并没有恒功率特性的变频器，通常可以选择普通功能型 U/F 控制变频器。如卷绕控制、机械加工设备，可利用变频器弱磁点以上的近似恒功率特性来实现恒功率控制。对于动态性能和精确度要求高的卷取机械，须采用矢量控制功能的变频器。

三、通用变频器用于特种电动机时的注意事项

上述变频器类型、容量的选择方法，均适用于普通笼型三相异步电动机。但是，当通用变频器用于其他特种电动机时，还应注意以下几点：

（1）通用变频器用于控制高速电动机时，由于高速电动机的电抗小，会产生较多的谐波，这些谐波会使变频器的输出电流值增加。因此，选择的变频器容量应比驱动普通电动机的变频器容量稍大一些。

（2）通用变频器用于变极电动机时，应充分注意选择变频器的容量，使电动机的最大运行电流小于变频器的额定输出电流。另外，在运行中进行极数转换时，应先停止电动机工作，否则会造成电动机空载加速，严重时会造成变频器损坏。

（3）通用变频器用于控制防爆电动机时，由于变频器没有防爆性能，应考虑是否将变频器设置在危险场所之外。

（4）通用变频器用于齿轮减速电动机时，使用范围受到齿轮传动部分润滑方式的制约。润滑油润滑时，在低速范围内没有限制；在超过额定转速的高速范围内，有可能发生润滑油欠供的情况。因此，要考虑最高转速允许值。

（5）通用变频器用于绕线转子异步电动机时，应注意绕线转子异步电动机与普通异步电动机相比，绕线转子异步电动机绕组的阻抗小，因此容易发生由于谐波电流而引起的过电流跳闸现象，故应选择比通常容量稍大的变频器。一般绕线转子异步电动机多用于飞轮力矩（飞轮惯量）GD 较大的场合，在设定加减速时间时应特别注意核对，必要时应经过计算。

（6）通用变频器用于同步电动机时，与工频电源相比会降低输出容量 10%～20%，变频器的连续输出电流要大于同步电动机额定电流。

（7）通用变频器用于压缩机、振动机等转矩波动大的负载及油压泵等有

功率峰值的负载时，有时按照电动机的额定电流选择变频器，可能会发生峰值电流使过电流保护动作的情况。因此，应选择比其在工频运行下的最大电流更大的运行电流作为选择变频器容量的依据。

（8）通用变频器用于潜水泵电动机时，因为潜水泵电动机的额定电流比普通电动机的额定电流大，所以选择变频器时，其额定电流要大于潜水泵电动机的额定电流。

（9）总之，在选择和使用变频器前，应仔细阅读产品样本和使用说明书，有不当之处应及时调整，然后再依次进行选型、购买、安装、接线、设置参数、试车和投入运行。

（10）通用变频器的输出端允许连接的电缆长度是有限制的，若需要长电缆运行，或一台变频器控制多台电动机时，应采取措施抑制对地耦合电容的影响，并应放大两挡选择变频器的容量，在变频器的输出端安装输出电抗器。另外一台变频器控制多台电动机时变频器的控制方式只能为 U/F 控制方式，并且变频器无法实现对电动机的保护，需在每台电动机上加装热继电器实现保护。

第二节 变频器外围设备的选择及作用

在选定了变频器以后，下一步的工作就是根据需要选择与变频器配合工作的各种外围设备（又称配套设备）。选择变频器的外围设备主要是为了以下几个目的：一是保证变频器驱动系统能够正常工作；二是提供对变频器和电动机的保护；三是减少对其他设备的影响。

变频器的外围设备在变频器工作中起着举足轻重的作用。例如，变频器主电路设备直接接触高电压大电流，主电路外围设备选用不当，轻则变频器不能正常工作，重则会损坏变频器。为了让变频调速系统正常可靠地工作，正确选用变频器的外围设备非常重要。

变频器主电路的外围设备有断路器、交流接触器（主触点）、交流电抗器、噪声滤波器、制动电阻、直流电抗器等。变频器主电路外围设备和接线，如图3-1所示。这是一个较齐全的主电路接线图。外围设备可根据需要选择，在实际中有些设备可不采用，但是断路器是必备的。

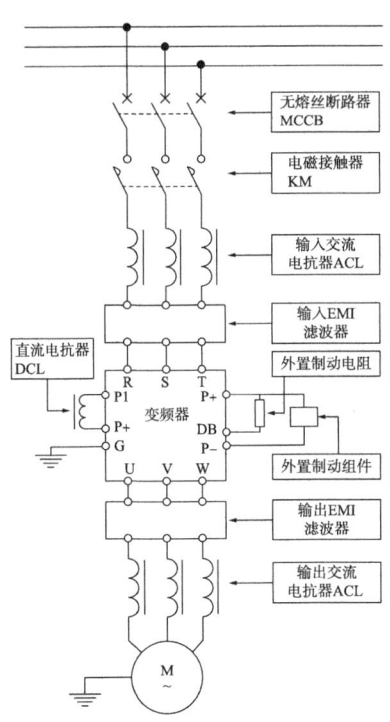

图3-1 变频器外部配件接线图

一、断路器的选择

断路器又称自动空气开关,是能接通、承载以及分断正常电路条件下的电流,也能在规定的非正常电路条件(例如短路)下接通、承载一定时间和分断电流的一种机械开关电器。按规定条件,对配电电路、电动机或其他用电设备实行通断操作并起保护作用,即当电路内出现过载、短路或欠电压等情况时能自动分断电路的开关电器。

空气断路器外形结构与符号如图3-2所示。图3-2(a)为外形,图3-2(b)为符号,其文字符号为QF。

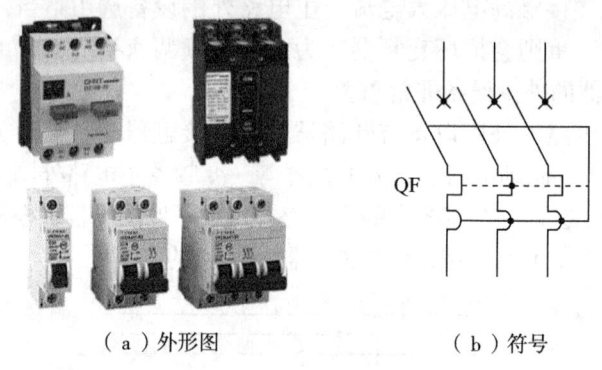

(a)外形图　　　　　　(b)符号

图3-2　空气断路器图

空气断路器具有的保护功能。短路保护是当发生短路或有很大负载电流时,流过线圈的电流产生足够大的电磁力推动空气熔断器内部短路保护机构动作,将电源与负载分断,实现短路保护。

过载保护是当线路过载时通过过载脱扣器的电流增大,推动空气熔断器内部过载保护机构动作,使主触点断开,达到过载保护目的。

欠电压保护是当线路电压下降到一定程度时,由于电磁吸力下降,空气熔断器内部欠电压保护机构动作,主触点断开,达到过载保护目的。

空气断路器型号表示及含义如图3-3所示。

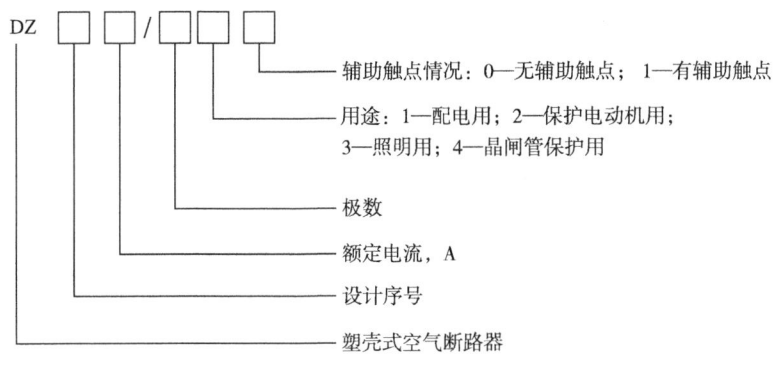

图 3-3 空气断路器型号

断路器除了为变频器接通电源外，还有隔离作用和保护作用。

（一）隔离作用

当变频器需要检查或修理时，断开断路器，使变频器与电源隔离。

（二）保护作用

当变频器电路发生过电流、短路等故障时，可以快速切断变频器的电源，防止变频器及其线路故障导致电源故障。

由于断路器具有过电流自动跳闸保护功能，为了防止产生误动作，正确选择断路器的额定电流非常重要。断路器的额定电流 I_{QN} 选择分下面两种情况：

（1）一般情况下，I_{QN} 可根据下式选择：

$$I_{QN} > (1.3 \sim 1.4)I_{CN} \tag{3-1}$$

式中　I_{CN}——变频器的额定电流，A。

（2）在工频和变频切换电路中，I_{QN} 可根据下式选择：

$$I_{QN} > 2.5 I_{MN} \tag{3-2}$$

式中　I_{MN}——电动机的额定电流，A。

选用空气断路器时，需要注意以下几点：

（1）变频器接通电源时，有较大的充电电流。对于容量较小的变频器，有可能使断路器误动作。

（2）在变频器的输入电流内，包含大量的高次谐波成分。因此，电流的峰值有可能比基波分量的幅值大很多，可能导致断路器误动作。

（3）变频器本身具有 150%，1min 的过载能力，如果断路器的动作电流过小，将使变频器的过载能力不能发挥作用。

所以，在选择断路器时，必须注意其短路电流的大小，即注意断路器的保护电流的大小。

二、接触器的选择

接触器是一种自动控制电器，它可以用来频繁的远距离接通或断开交直流电路及大容量控制电路。接触器就其用途来说，主要是用作电力拖动与控制系统中的执行电器。接触器是指仅有一个起始位置，能接通、承载和分断正常电路条件（包括过载运行条件）下的电流的一种非手动操作的机械开关电器。

交流接触器如图3-4所示。其中图3-4（a）所示为交流接触器外形，图3-4（b）所示为其符号，接触器的文字符号为KM。

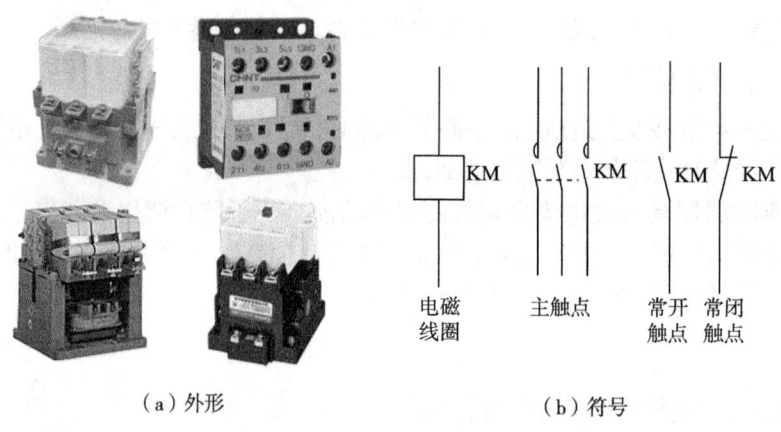

（a）外形　　　　　　　　　　（b）符号

图3-4　交流接触器外形及电气符号

交流接触器主要由电磁系统、触点系统和灭弧装置等部分组成。电磁系统由线圈、动铁芯和静铁芯等组成。接触器能接通和断开负载电流，但不能切断短路电流，因此接触器常与热继电器等配合使用。

触点系统分主触点和辅助触点。主触点用以通断电流较大的主电路，体积较大，一般由三对动合触点组成；辅助触点用以通断电流较小的控制电路，体积较小，通常有动合和动断各两对触点。灭弧装置用来熄灭触点在切断电路时所产生的电弧，保护触点不受电弧灼伤。

交流接触器的通用性很强，在这里主要用于变频器出现故障时，自动切断主电源，根据安装位置不同，交流接触器可分为输入侧交流接触器和输出侧交流接触器。

交流接触器工作原理为线圈得电以后，产生的磁场将铁心磁化，吸引动铁芯，克服反作用弹簧的弹力，使它向着静铁芯运动，拖动触点系统运动，使得动合触点闭合、动断触点断开。一旦电源电压消失或者显著降低，以致电磁线圈没有激磁或激磁不足，动铁芯就会因电磁吸力消失或过小而在反作用弹簧的弹力作用下释放，使得动触点与静触点脱离，触点恢复线圈未通电时的状态。

交流接触器型号表示方法及含义如图 3-5 所示。

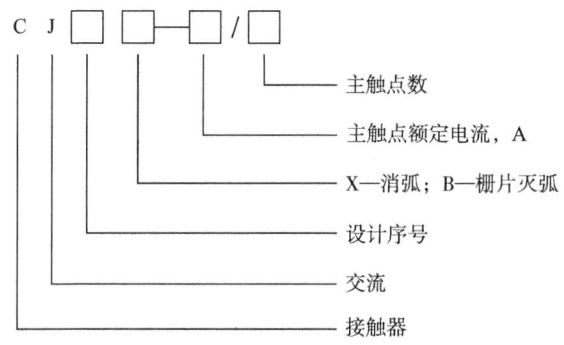

图 3-5　流接触器型号表示

（一）接触器主触点额定电流的选择

输入侧交流接触器输入侧交流接触器安装在变频器的输入端，它既可以远距离接通和分断三相交流电源，在变频器带负载运行时禁止使用输入接触器断开变频器电源。

输入侧交流接触器的主触点接在变频器的输入侧，因为接触器本身并无保护功能，故不考虑误动作的问题。只要其主触点的额定电流大于变频器的额定电流就可以了，所以输入侧交流接触器的主触点额定电流 I_{KN} 可根据下式选择：

$$I_{KN} \geqslant I_{CN} \tag{3-3}$$

式中　I_{CN}——变频器的额定电流，A。

输出侧交流接触器当变频器用于工频/变频切换时，变频器输出端需接输出侧交流接触器互锁，防止断路。

由于变频器输出电流中含有较多的谐波成分,其电流有效值略大于工频运行的有效值,故输出侧交流接触器的主触点的额定电流应略大于电动机的额定电流,所以输出侧交流接触器的主触点额定电流 I_{KN} 可根据下式选择:

$$I_{KN} > 1.1 I_{MN} \tag{3-4}$$

式中 I_{MN}——电动机的额定电流,A。

选择注意事项。由于接触器的安装场所与控制的负载不同,其操作条件与工作的繁重程度也不同。因此,必须对控制负载的工作情况以及接触器本身的性能有一个较全面的了解,力求经济合理、正确地选用接触器。也就是说,在选用接触器时,不仅考虑接触器的铭牌数据,因铭牌上只规定了某一条件下的电流、电压、控制功率等参数,而具体的条件又是多种多样的,因此,在选择接触器时还应注意以下几点:

(1)选择接触器的类型。接触器的类型应根据电路中负载电流的种类来选择。也就是说,交流负载应使用交流接触器,直流负载应使用直流接触器。若整个控制系统中主要是交流负载,而直流负载的容量较小,也可全部使用交流接触器,但触点的额定电流应适当大些。

(2)选择接触器主触点的额定电流。主触点的额定电流应大于或等于被控电路的额定电流。

(3)选择接触器主触点的额定电压。接触器的额定工作电压应不小于被控电路的最大工作电压。

(4)接触器的额定通断能力应大于通断时电路中的实际电流值;耐受过载电流能力应大于电路中最大工作过载电流值。

(5)应根据系统控制要求确定主触点和辅助触点的数量和类型,同时要注意其通断能力和其他额定参数。

三、电抗器的作用与选择

(一)三相交流电抗器

三相交流电抗器是通过抑制谐波电流,从而提高变频器的电能利用效率(可将功率因数提高至85以上)。由于电抗器对突变电流有一定的抑制作用,故在接通变频器瞬间,可降低浪涌电流,减小电流对变频器冲击。可减小三相电源不平衡的影响。交流电抗器的作用是消除电网中的电流尖峰脉冲与谐波干扰。由于通用变频器一般都采用电压控制型逆变方式,这种逆变方式首先需要将交流电网电压经过整流、电容滤波转变成平稳的直流电压，而大容量的电容充、放电将导致输入端出现尖峰脉冲，对电网产生谐波干扰，影响其他设备的正常运行。从另一方面看，如果电网本身存在尖峰脉冲与谐波干扰，同样也会给变频器上的整流元件与滤波电容带来冲击，并造成元器件的损坏。总之，通过交流电抗器消除尖峰脉冲的干扰，无论对电网还是对变频器都是有利的。

三相电抗器如图3-6所示。其中图3-6（a）所示为三相交流电抗器外形，图3-6（b）所示为其符号，三相交流电抗器的文字符号为ACL。

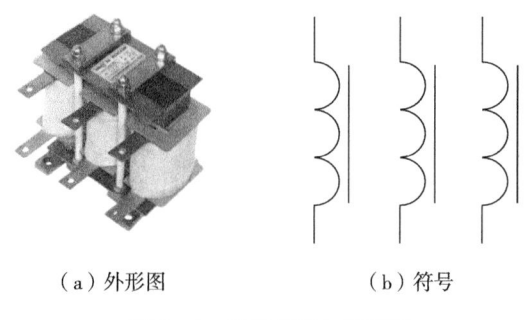

（a）外形图　　　　　　（b）符号

图3-6　三相交流电抗器图

1. 三相交流电抗器的应用场合

三相交流电抗器不是变频器必用外部设备，可根据实际情况考虑使用。当遇到下面的情况之一时，可考虑给变频器安装三相交流电抗器：

（1）电源的容量很大，供电电源的变压器容量大于变频器容量10倍以上时，应安装交流电抗器。

（2）若在同一供电电源中接有容量较大的晶闸管整流设备，或者电源中接有补偿电容（提高功率因数）时，应安装交流电抗器。

（3）向变频器供电的三相供电电源不平衡度超过3%时，应安装交流电抗器。

（4）变频器功率大于30kW时，应安装交流电抗器。

（5）变频器供电电源中含有较多高次谐波成分时，应考虑安装交流电抗器。

另外，当遇到以下两种情况之一时，变频器的输出侧一般需要考虑接入输出电抗器：

（1）电动机与变频器之间的距离较远时，应考虑接入输出电抗器。因为变频器的输出电压是按载波频率变化的高频电压，输出电流中也存在着高频谐波电流。当电动机和变频器之间的距离较远（大于30m）时，传输线路中，分布电感和分布电容的作用将不可小视。可能使电动机侧电压升高、电动机发生振动等。接入输出电抗器后，可以削减电压和电流中的高次谐波成分，从而缓解上述现象。

（2）轻载的大电动机配用容量较小的变频器时，应考虑接入输出电抗器。例如，一台电动机的额定功率是75kW，而实际运行功率只有40kW。这时，可以配用一台55kW的变频器。但是必须注意，75kW的电动机的等效电感比55kW的电动机的等效电感小，故其电流的峰值较大，有可能损坏55kW的变频器。接入输出电抗器后，可以削减输出电流的峰值，从而保护变频器。

2. 三相交流电抗器的选择

当三相交流电抗器用于谐波抑制时，如果电抗器所产生的压降能够达到供电电压（相电压）的3%，就可以使得谐波电流分量降低到原来的44%，因此一般情况下，变频器配套的交流电抗器的电感量以所产生的压降为供电电压的2%～4%进行选择。具体如何选择可以查询变频器附带的用户手册。

（二）直流电抗器

因为脉动的直流输出电压中所包含的谐波分量，在逆变时将产生不必要的损耗和发热，谐波中的负序分量则产生反向力矩，而且当晶闸管深度控制时，若脉动的直流输出电压的瞬时值低于电动机的反电势，将使电流不连续。整流电路的脉波数总是有限的，且在输出的直流电压中总是有纹波的，这种纹波往往有害，需要由直流电抗器（平波电抗器）加以抑制，平波电抗器用于整流以后的直流回路中，经平波电抗器后输出的直流接近于理想直流。

图3-7（a）所示为直流电抗器外形，图3-7（b）所示为其符号，直流电抗器的文字符号为DCL。

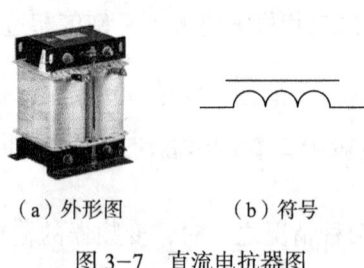

（a）外形图　　（b）符号

图3-7　直流电抗器图

直流电抗器接在变频器的整流环节与逆变环节之间，直流电抗器能使逆变环节运行得更稳定，减小输入电流的高次谐波成分，提高输入电源的功率因数（提高到 0.95），并能限制短路电流。直流电抗器可与交流电抗器同时使用，变频器功率大于 30kW 时才考虑配置平波电抗器。

四、噪声滤波器的作用与选择

变频器由于采用了 PWM 调制方式，变频器工作时，会在电流、电压中包含很多高次谐波成分，这些高次谐波中有部分已经在射频范围，即变频器在工作时将向外部发射无线电干扰信号。同时，来自电网的无线电干扰信号也可能引起变频器内部电磁敏感部分的误动作。因此，在环境要求高的场合，需要通过噪声滤波器（又称电磁滤波器）来消除这些干扰。

噪声滤波器如图 3-8 所示。其中图 3-8（a）所示为噪声滤波器外形，图 3-8（b）所示为其符号，噪声滤波的文字符号为 EMI。

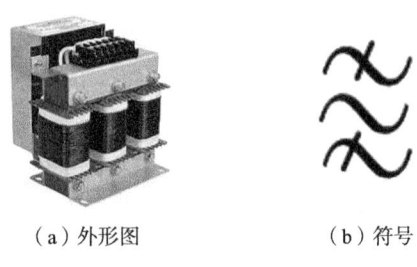

（a）外形图　　　　　（b）符号

图 3-8　噪声滤波器图

在变频器输入侧安装噪声滤波器可以防止高次谐波干扰信号窜入电网，干扰电网中其他的设备，也可阻止电网中的干扰信号窜入变频器。在变频器输出侧的噪声滤波器可以防止干扰信号窜入电动机，影响电动机正常工作。一般情况下，变频器可不安装噪声滤波器，若需要安装，建议安装变频器专用的噪声滤波器。噪声滤波器的选择请参考变频器使用手册。

五、制动电阻的作用与选择

（一）制动电阻的作用

变频调速系统在制动时，电动机侧的机械能转换为电能。从电动机再生出来的电能将通过续流二段管运回到直流母线上，引起直流母线电压的升高，如果不采取放电措施，变频器将报过电压故障，为此，在变频器上都需要安装用于消耗制动能量的制动单元与制动电阻，制动电阻的作用是在电动机减速或制动时消耗惯性运转产生的电能，使电动机能迅速减速或制动。

图 3-9（a）所示为制动电阻外形，图 3-9（b）所示为其符号，制动电阻的文字符号为 R。

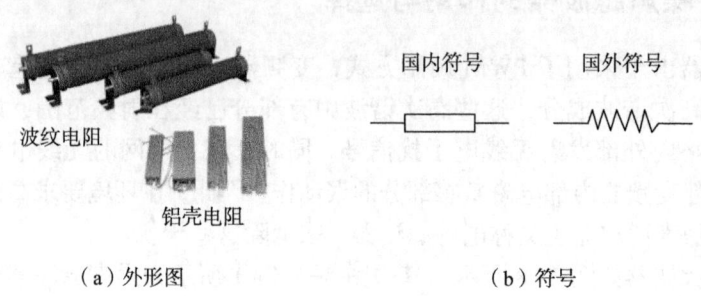

（a）外形图　　　　　　　　　　（b）符号

图 3-9　制动电阻图

小功率的变频器内部都配置有标准的制动电阻，但是内置电阻的功率通常很小，在频繁制动或制动强烈时，往往会由于功率的不足导致变频器报警，此时需要通过外接制动电阻来增加制动力。

对于大功率变频器，由于其制动能量大，不但制动电阻需要外接，而且还需要安装用于制动电阻通/断控制的开关功率管与电压比较电路（称为"制动单元"）。如图 3-10 所示为外接制动单元接线图。

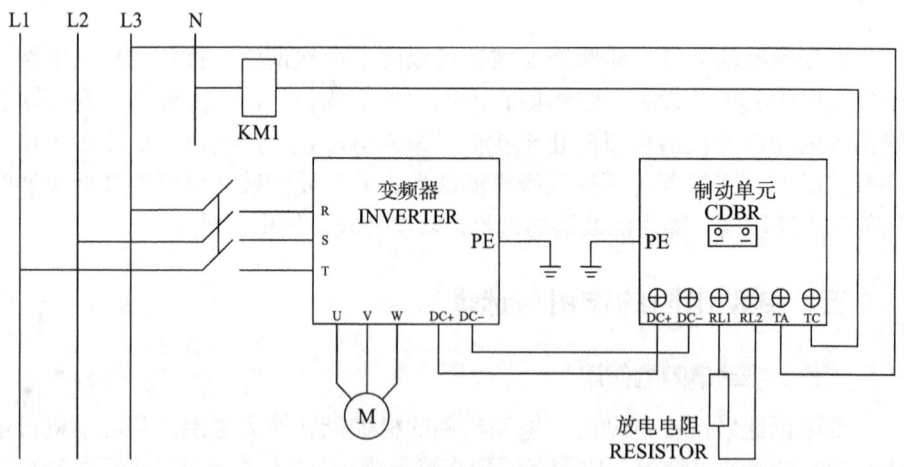

图 3-10　变频器外接制动单元

制动电阻的选择有一定的要求，阻值过大将达不到所需的制动效果；阻值过小，则容易造成制动开关管的损坏，为此，应尽可能选择变频器生产厂家所配套提供的制动电阻与制动单元。

（二）制动电阻的选择

为了使制动达到理想效果且避免制动电阻烧坏，选用制动电阻时需要计算阻值和功率。

阻值的计算精确计算制动电阻的阻值要涉及很多参数，且计算复杂。可以通过变频器手册查到这些信息。

（三）选用制动电阻的注意事项

制动电阻器的额定电压应大于电路的工作电压。电阻器功率应大于计算功率。一般，功率与电流较小而电阻值大时可选用管形电阻；而功率与电流大时，则可选用板形等电阻；如需功率、电流与电阻都大时，则可采用多个电阻串、并联或混联。当电阻器的电阻值需进行调整的，可选用可调或带有抽头的电阻器，如需在正常运行中随时调整的，则可选用变阻器。若电阻器的安装尺寸有一定限制，则需根据允许的安装尺寸选用电阻器型号。

第三节 变频器的安装与接线

一、变频器安装环境

(一)环境温度

变频器与其他电子设备一样,对周围环境温度有一定的要求,一般为"-10～+40℃"。由于变频器内部是大功率的电子器件,极易受到工作温度的影响,但为了保证变频器工作的安全性和可靠性,使用时应考虑留有余地,最好控制在40℃以下;40～50℃之间降额使用,每升高1℃,额定输出电流须减少1%。如环境温度太高且温度变化大时,变频器的绝缘性会大大降低,影响变频器的寿命。

(二)环境湿度

变频器与其他电气设备一样对环境湿度有一定要求,变频器的周围空气相对湿度≤95%(无结露),根据现场工作环境必要时须在变频柜箱中加放干燥剂和加热器。

(三)振动和冲击

变频器在运行的过程中,要注意避免受到振动和冲击。大家知道,变频器是由很多元器件通过焊接、螺栓连接等方式组装而成。当变频器或装变频器的控制柜受到机械振动或冲击时,会导致焊点、螺丝等连接器件或连接头松动或脱落,引起电气接触不良甚至造成相间短路等严重故障。因此,变频器运行中除了提高控制柜的机械强度、远离振动源和冲击源外,还应在控制柜外加装抗震橡皮垫片,在控制柜内的器件和安装板之间加装缓冲橡胶垫,减震。

(四)电气环境

变频器的电气主体是功率模块及其控制系统的硬软件电路,这些元器件和软件程序受到一定的电磁干扰时,会发生硬件电路失灵、软件程序乱飞等造成运行事故。所以为了避免因电磁干扰,变频器应根据所处的电气环境,有防止电磁干扰的措施。例如:输入电源线、输出电动机线、控制线应尽量远离;容易受影响的设备和信号线,应尽量远离变频器安装;关键的信号线应使用屏蔽电缆。

（五）海拔高度

变频器安装在海拔高度 1000m 以下可以输出额定功率。但海拔高度超过 1000m，其输出功率会下降。如变频器安装地点的海拔高度与输出电流对比图 1 所示，可见海拔高度超过 1000m，变频器输出电流减少，海拔高度为 4000m 时，输出电流为 1000m 时的 40%。

（六）其他环境

避免变频器安装在雨水滴淋或结露的地方；防止粉尘、棉絮及金属细屑侵入；避免变频器安装在油污和盐分多的场合。

二、安装方式与散热处理

依据 GB 50254—2014《电气装置安装工程 低压电器施工及验收规范》和 GB 50169—2006《电气装置安装规程》。变频器在运行过程中有功率损耗，并转换为热能，使自身的温度升高。粗略地说，每 1kva 的变频器容量，其损耗功率为 40～50W。因此，安装变频器时要考虑变频器散热问题，要考虑如何把变频器运行时产生的热量充分地散发出去，因此要讲究安装方式。

（一）壁挂式安装

变频器的外壳设计比较牢固，一般情况下，允许直接安装在墙壁上，称为壁挂式。为保证通风良好，所有变频器都必须垂直安装，变频器与周围物体之间的距离应满足下列条件，如图 3-11 所示，两侧大于 100mm、上下大于 150mm，而且为了防止杂物掉进变频器的出风口阻塞风道，在变频器出风口的上方最好安装挡板。

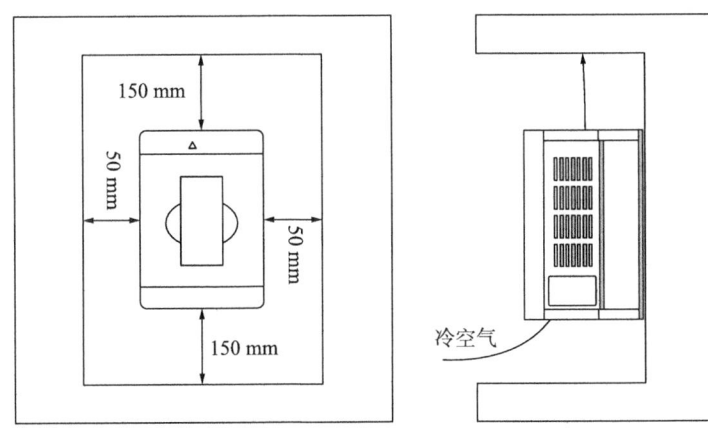

图 3-11 壁挂式安装示意图

(二）柜式安装

当现场的灰尘过多，湿度比较大，或变频器外围配件比较多，需要和变频器安装在一起时，可以采用柜式安装。变频器柜式安装是目前最好的安装方式，因为可以起到很好的屏蔽辐射干扰，同时也能防灰尘、防潮湿、防光照等作用。柜式安装方式的注意事项：

（1）单台变频器采用柜内冷却方式时，变频柜顶端应安装抽风式冷却风扇，并尽量装在变频器的正上方（这样便于空气流通）。

（2）多台变频器安装应尽量并列安装，如必须采用纵向方式安装，应在两台变频器间加装隔板，如图 3-12 所示。

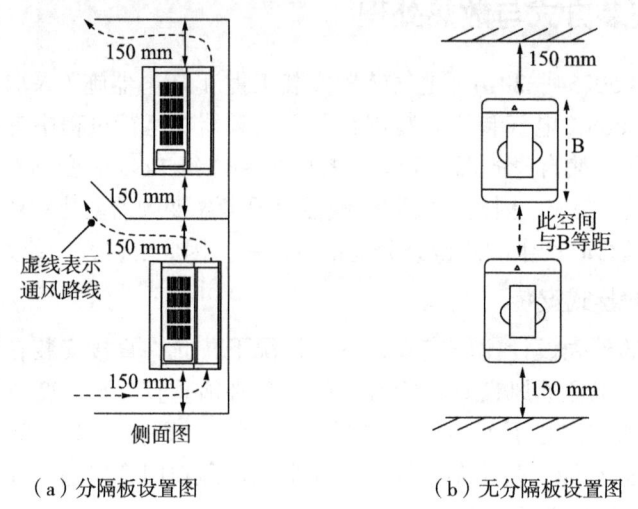

图 3-12　两台变频器安装示意图

三、变频器的接线

（一）主回路接线

变频器的主回路接线如图 3-13 所示。

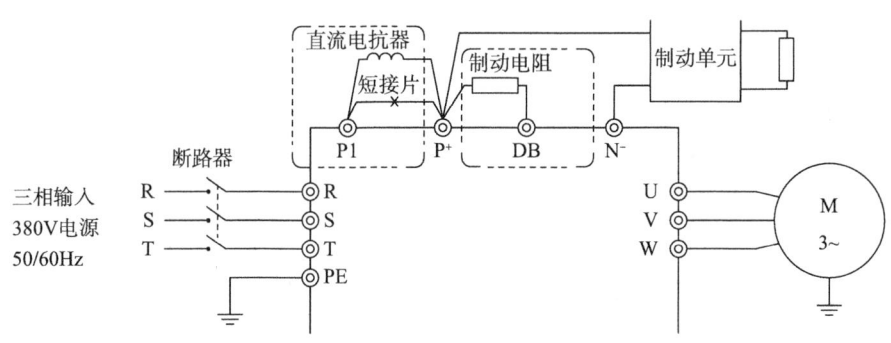

图 3-13 变频器主回路接线示意图

1. 变频器三相交流输入端子（R/L1、S/L2、T/L3）

电源输入端子通过线路保护用断路器或带漏电保护的断路器连接到三相交流电源，无须考虑连接相序。这里要特别注意的是，三相交流电源绝对不能直接接到变频器输出端子，否则将导致变频器内部器件损坏。

2. 变频器三相交流输出端子

输出端子应按正确的相序接入电动机，如果电动机方向不对，则交换（U/T1、V/T2、W/T3）中的任意两相即可，也可以通过设置变频器参数来实现。要注意的是，输出端不能接电容器和电涌吸收器。

3. 直流电抗器连接端子（P1、P^+）

直流电抗器连接端子接改善功率因数用的直流电抗器，出厂时端子上连接有短路导体，使用直流电抗器时先要取出此短路导体。注意：不使用直流电抗器时，该导体就不用去掉。

4. 制动电阻连接端子（P^+、DB）

一般小功率变频器（0.75～15kW）内置制动电阻，而 18.5kW 以上制动电阻须外置。

5. 直流电源输出端子（P^+、N^-）

外置制动单元的直流输入端子，分别为直流母线的正负极。

6. 接地端子（PE）

变频器会产生漏电流，载波频率越大，漏电流越大。变频器整机的漏电流大于 3.5mA，漏电流的大小由使用条件决定，为保证安全，变频器和电动机必须接地。

7. 注意事项

依据 GB/T 50065—2011《交流电气装置的接地设计规范》和 GB 50169—2016《电气装置安装工程接地装置施工及验收规范》。接地电阻应小于 4Ω。接地电缆的线径要求，应根据变频器功率的大小而定，接地导线的截面积应不小于 2.5mm，长度控制在 20m 以内，接地必须牢固；切勿与焊接机及其他动力设备共用接地线；如果供电线路是零地共用，最好考虑单独敷设地线；多台变频器接地，则应分别和大地相连，请勿使接地线形成回路，如图 3-14 所示。

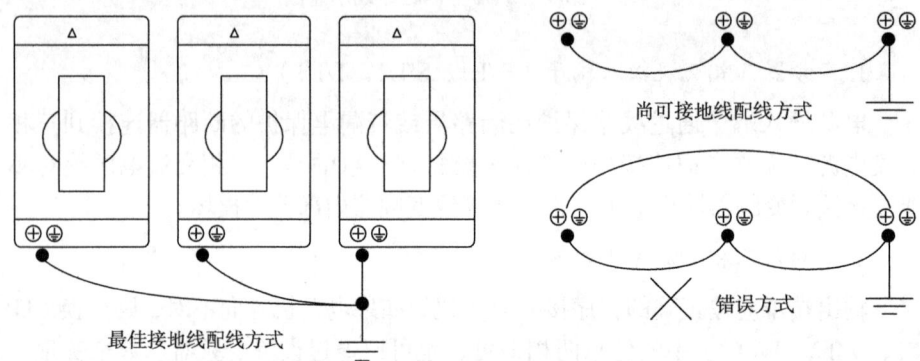

图 3-14　多台变频器接地示意图

（二）控制回路端子接线

由于低压变频器控制回路电缆的过电流一般都很小，所以控制回路电缆的尺寸规格可以规范化，为避免干扰引起的误动作，控制回路连接线应采用绞合的屏蔽线；附表为国内某品牌变频器的控制回路用线尺寸规格。

1. 控制线与主回路电缆铺设

变频器控制线与主回路电缆或其他电力电缆分开铺设，且尽量远离主电路 100mm 以上；尽量不和主电路电缆平行铺设，不和主电路交叉，必须交叉时，应采取垂直交叉的方法。

2. 电缆的屏蔽

变频器电缆的屏蔽可利用已接地的金属管或者带屏蔽的电缆。屏蔽层一端接变频器控制电路的公共端（COM），但不要接到变频器接地端（E），屏蔽层另一端要悬空。

3.开关量控制线

变频器开关量控制线允许不使用屏蔽线,但同一信号的两根线必须互相绞在一起,绞合线的绞合间距应尽可能小。并将屏蔽层接在变频器的接地端(E)上,信号线电缆最长不得超过50m。

4.控制回路的接地

弱电压电流回路的电线取一点接地,接地线不作为传送信号的电路使用;电线的接地在变频器侧进行,使用专设的接地端子,不与其他的接地端子共用。

四、变频器的防雷

变频器装置的防雷击措施是确保变频器安全运行的另一重要外设措施,特别在雷电活跃地区或活跃季节,这一问题尤为重要。

现在的变频器产品,一般都设有雷电吸收网络,主要用来防止因瞬间的雷电侵入,使变频器损坏。但是在实际工作中,特别是电源线架空引入的情况下,单靠变频器自带的雷电吸收网络是不能满足要求,还需要设置变频器专用避雷器。具体措施:可在电源进线处装设变频专用避雷器(选件);或按规范要求在离变频器20m的远处预埋钢管做专用接地保护;如果电源是电缆引入,则应做好控制室的防雷系统,以防雷电窜入破坏设备。

第四节　变频器常见故障

一、参数设置类故障

常用变频器在使用中，是否能满足传动系统的要求，变频器的参数设置非常重要，如果参数设置不正确，会导致变频器不能正常工作。

一旦发生了参数设置类故障后，变频器都不能正常运行，一般可根据变频器手册进行修改参数。如果以上方式不行，只能是把所有参数恢复出厂值，然后按上述步骤重新设置，对于不同厂家生产的变频器其参数恢复方式也不相同。一定要认真阅读厂家提供的操作手册。

二、过电流（短路）故障

过电流（短路）故障在变频器各种故障当中最为常见。该故障多是由于以下问题造成：

（1）变频器启动时，一升速就跳闸，这是过电流十分严重的现象。主要原因有：负载短路，机械部位有卡住现象；变频器内部逆变模块损坏；电动机的转矩过小等现象引起。

（2）变频器上电就报过电流故障，这种现象一般不能复位，主要原因有：变频器模块损坏、驱动电路故障、电流检测电路故障。

（3）变频器启动时并不立即跳闸而是在加速时报过电流故障，主要原因有：加速时间设置太短、电流上限设置太小、转矩补偿（U/F）设定较高。

通过故障原因分析可以把过流故障分为加速过电流、减速过电流、恒速过电流。加速、减速过流是由于变频器加减速时间设置太短、负载发生突变、负荷分配不均、输出短路等原因引起的。这时一般可通过延长加减速时间、减少负荷的突变、外加能耗制动元件、进行负荷分配设计、对线路进行检查。如果断开负载变频器还是过流故障，说明变频器逆变电路已损坏，需要大修变频器或更换变频器。

三、过电压故障

过电压故障也是变频器经常出现的故障之一。在排除供电电压过高，还有一种情况下也会出现这种故障,发生在变频器停机过程中。这种情况主要原因可能是减速时间设置太短或制动单元及制动电阻出现问题所导致的。

变频器的过电压集中表现在直流母线的支流电压上。正常情况下,变频器直流电压为三相全波整流后的平均值。若以 380V 线电压计算,则平均直流电压 $U_d = 1.35U_{线} = 513V$。在过电压发生时,直流母线的储能电容将被充电,当电压上至 760V 左右时,变频器过电压保护动作。因此,对变频器来说,都有一个正常的工作电压范围,当电压超过这个范围时很可能损坏变频器。常见的过电压有两类:

(1)输入交流电源过压。这种情况是指输入电压超过正常范围,变频器因供电线路电压升高或降低而出现故障,此时最好断开电源,检查、处理,保障变频器供电正常。

(2)发电类过电压。这种情况出现的概率较高,主要是当电动机的同步转速比实际转速底时,电动机在被机械设备拖着运转,使电动机处于发电状态。而变频器制动单元配置不当或者已经损坏,没有将过电压及时释放掉。

当变频器拖动大惯性负载时,其减速时间设值得比较小,在减速过程中,变频器输出频率所对应的转速下降比较快,而负载本身减速比较慢,使负载拖动电动机的转速比变频器输出的频率所对应的转速还要高,电动机处于发电状态,而变频器能量单元配置不当或者已经损坏,因而变频器支流直流回路电压升高,超出保护值出现故障,处理这种故障可以增加再生制动单元,或者修改变频器参数,把变频器减速时间设长一些。

四、欠电压故障

过电压故障对应的是变频器欠电压故障,一般在排除电源电压过低外,可能有以下几种原因:电源缺相、整流电路一个桥臂发生开路故障、主回路当中的滤波电解电容容量变小,或者电压检测电路出现问题也会使变频器报欠电压故障。另外变频器内部的限流电阻未被短路切除,变频器带载启动也会发生报欠电压故障。

五、过热故障

过热也是一种比较常见的故障,主要原因:周围温度过高,散热风扇堵转,温度传感器性能不良,电动机过热。如果电动机有温度检测装置,检查电动机的散热情况;变频器温度过高,检查变频器的通风情况。

在生产现场有些变频控制柜没有考虑变频器制动单元工作时对制动电阻释放电能时产生的热能，将制动电阻与变频器装在同一柜内。夏季到来时造成变频器严重过热，过热故障经常发生。这类变频柜应进行改造，从根源上解决过热的问题。

六、输出不平衡

排除负载导致的变频器输出三相不平衡之外，输出不平衡一般表现为电动机抖动，转速不稳。输出不平衡故障主要原因：变频器内部模块损坏、驱动电路损坏、电抗器坏等。在现场检修过程中 U、V、W 输出不平衡可分为三种情况：

（1）变频器显示器面板显示输出缺相故障代码。
（2）测量变频器输出 U、V、W 之间相差 100V 左右。
（3）变频器输出 U、V、W—N 之间测量出直流电压。

可以看出这些问题属于变频器内部问题，这部分问题在生产现场无法解决，需要将变频器拆回，由专业变频器维修技术人员维修。

七、过载故障

过载也是变频器比较频繁的故障之一。变频器过载包括其自身过载和电动机过载。平时看到过载现象其实首先应该分析一下到底是电动机过载还是变频器自身过载。一般来讲电动机由于过载能力较强，只要变频器电动机参数设置得当，一般不会出现电动机过载。电机过载一般都是由于电网电压太低、负载过重等原因引起的。主要检查电网电压或负载过重，所选的电动机和变频器能不能拖动该负载，也可能是由于机械问题引起（阻力过大）。变频器过载是由于加减速时间太短（形成短暂的过载）或者直流制动量过大。通过改变其内部参数、延长制动时间可以解决。

八、开关电源损坏

开关电源损坏是众多变频器最常见的故障之一。通常是由于开关电源的负载发生短路造成的，现代变频器采用了新型脉宽集成控制器 UC2844（一种开关电源控制芯片）来调整开关电源的输出，同时 UC2844 还带有电流检测，电压反馈等功能。当发生无显示，控制端子无电压，DC12V、24V 风扇不运转等现象时首先应该考虑是否开关电源损坏了。

九、接地故障

变频器接地故障发生的概率很小。在排除电动机接地存在问题的原因外，最可能发生故障的部分就是变频器电流检测元件（霍尔传感器）。霍尔传感器是一种高精度的传感器，在变频器中主要用来检测变频器的负载电流。霍尔传感器由于受温度，湿度等环境因素的影响，工作点很容易发生漂移，导致接地故障报警。

十、限流运行

在平时运行中可能会碰到变频器限流运行报警。对于变频器在限流报警出现时变频器不能正常平滑的工作。变频器会启动保护功能，电压（频率）会自动下降，直到电流下降到允许的范围，一旦电流低于允许值，电压（频率）会再次上升，这种变频器自我保护的方式导致系统运行的不稳定。变频器采用内部控制，在不超过预设限流值的情况下寻找工作点，控制电动机平稳地运行在工作点，将警告信号反馈客户，依据警告信息再去检查电动机是否有问题。

第五节　需定期更换的部件

变频器由多种部件组成，其中一些部件长期工作后其性能会逐渐降低，这也是变频器发生故障的主要原因，为了保证设备长期的正常运转，下列器件应定期更换。

一、冷却风扇

变频器的功率模块是发热最严重的器件，其连续工作所产生的热量必须要及时排出，变频器用的冷却风扇寿命为 10～40kh。按变频器连续运行折算为 2～3 年就要更换一次风扇。

散热风扇有很多种分类方法，按供电方式可分为直流（DC）、交流（AC），还可以分为有刷、无刷，也有滚珠轴承、含油轴承之分。这里主要介绍一下散热风扇的电源线接口，变频器用的直流冷却风扇有二线、三线、四线或更多针脚。最重要的二跟线风扇其中一根线为正极，另一根线为负极，更换时要注意极性，接错可能导致主办或风扇烧毁；三线、四线风扇除了正、负极外，还有转速检测线、PWM 控制线等。更换风扇时千万注意，否则会引起变频器过热报警。交流散热风扇一般为 220V、380V，交流散热风扇没有过多的智能控制，只有简单的启动和停止控制。更换时注意电压等级不要搞错。下面重点说一下直流风扇的二线、三线、四线式散热风扇：

（一）两线式散热风扇

两线式散热风扇，它只有两根线，一根接地，一根供电。两线式散热风扇结构简单，一般转速恒定，不能测速，想要调速需要智能调节供电电压。目前两线式风扇也没有退出历史舞台，变频器生产厂家工艺不同，有部分变频器是靠配套电路去控制风扇转速。

（二）三线式散热风扇

因为二线式风扇不能给控制系统反馈转速信息，而且在变频器散热时并不一直需要风扇全速运行，温度不高的时候降低风扇转速可以带来更低的噪音，延长散热风扇的使用寿命。所以在两线式风扇的基础上又增加一根信号线它主要负责测速。通过这根测速线变频器的 CPU 板可以侦测到风扇是否在转、转速多少。与温度检测器件配合，根据实际温度变化通过 DC 调整的方式，自动调整散热风扇的转速。

（三）四线式散热风扇

由于 DC 调速方式受主板供电电路限制的局限性，推出了新的 PWM 调速规范，在增加一根 PWM 控制线（脉宽调制），PWM 线（脉宽调制）在第一章有介绍。多出的 PWM 线就是利用 PWM 占空比来调节风扇转速，通过输出不同的占空比，0～100% 之间调节出不同的风扇转速，因此可以做到精确、灵活控制散热风扇转速。达到散热、噪声、寿命的平衡。

（四）四线以上散热风扇

个别需要更大工作电流的工业风扇，由于主板单路供电电流的限制，又增加了一组供电线，以多路并联的方式，增加供电功率，达到大功率风扇满速运转的目的。此类风扇接口不常见，更换时要仔细阅读说明书针脚定义，必要时使用万用表测量针脚供电电压，避免接错烧毁设备。

理论上任何线数的风扇都有一定的调速空间，即使在不支持调速的主板上，也可以通过外接 DC、PWM 控制器，以手动或热敏自动的方式实现转数调节。

二、滤波电容

变频器中间电路滤波电容是电解电容。其主要作用就是平滑直流电压，吸收直流电中的低频谐波。

电解电容在使用过程中，内部电解液会受温升的影响而逐渐挥发，导致电解电容容量逐渐降低，进而失效。电解电容的寿命与电容的工作环境有关，比如一个 −40～105℃，5000h 的电容（电容外壳上有标注），5000h 是指在 105℃的工作环境下寿命是 5000h。工作环境的温度每降低 10℃，寿命增加一倍。反之亦如此。

环境温度过高，超过电解电容器的最高额定温度，电解电容器中电解液沸腾产生过压，会导致泄压部件产生不可逆转泄压动作造成电解液泄露，使电解电容器出现永久性损坏。因此，电解电容器的储存和使用温度绝不可超过其额定温度。

电解电容连续工作产生的热量加上变频器本身产生的热量都会加快其电解液的干涸，直接影响其容量的大小。电解电容容量降低后，会引起变频器工作不稳定，变频器会经常报各种故障。建议每年定期检查电容容量一次。一般容量减少 20% 以上建议更换。

在更换电解电容时，有以下几点的注意事项：

（1）最好选择与原来相同的型号，在一时不能获得相同的型号时，必须注意耐压、漏电流、容量、外形尺寸、极性、安装方式等应相同。

（2）更换过程中注意电气连接（螺打联接和焊接）牢固可靠，正、负极不得接错，固定用卡箍要能牢固固定，并不得损坏电容器外绝缘包皮，分压电阻照原样接好，并测量一下电阻值，应使分压均匀。

（3）已放置一年以上的电解电容器，应测量漏电流值，不得太大，装上前先行加直流电老化，直流电先加低一些，当漏电流减小时，再升高电压，最后在额定电压时，检测其漏电流值不得超过标准值。

第四章
变频器的投入运行

第四章 变频器的投入运行

第一节 通电前的检查

一、变频器通电前应进行的检查

（1）检查变频器的安装空间和安装环境是否合乎要求，控制柜内应清洁、无异物。

（2）检查铭牌上的数据是否与所控制的电动机相适应。

（3）检查变频器的主电路接线和控制电路接线是否合乎要求。在检查接线过程中，主要应注意以下几方面的问题：

①检查变频器主回路的进线端子（R、S、T）和出线端子（U、V、W）接线是否正确，进线和出线绝对不能接反；

②变频器与电动机之间的接线不能超过变频器允许的最大布线距离，否则应加交流输出电抗器；

③交流电源线不能接到控制电路端子上；

④主电路地线和控制电路地线、公共端、中性线的接法是否合乎要求；

⑤在工频与变频相互转换的应用中，应注意电气与机械的互锁；

⑥检查电源电压是否在允许值以内；

⑦测试变频器的控制信号（模拟量和开关量）是否满足工艺要求；

⑧在检查中，要特别注意各接线端子的螺钉是否全部已经旋紧，检查时要用手轻轻拉动各导线，没有旋紧的，要补旋。

二、绝缘电阻检查

对主电路和接地端子之间进行绝缘电阻检查。实际应用一般不用对变频器绝缘电阻进行检测。

注意：对主回路检测绝缘电阻必须将所有主回路端子短接（包括输入输出端子、直流母线相关端子）。在一般情况下，用500V级的绝缘电阻表进行检测，要求绝缘电阻的阻值大于$5M\Omega$。对控制电路则禁止进行绝缘电阻检查。

三、变频器的空载通电检查

将变频器的电源输入端子经过断路器接到电源上，以使机器发生故障时能迅速切断电源。

（1）检查变频器显示窗的出厂显示是否正常，如果不正常，则复位。

（2）熟悉变频器的操作键，关于这些键的定义参照有关产品手册。

第二节 系统功能的设定及注意事项

为了使变频器和电动机能在最佳状态下运行,必须对变频器运行频率和功能码进行设定。一台新的变频器在通电时,输出端可以先不接电动机,而对它进行各种功能参数的设置。

一、控制模式的选择

变频器在正式运行之前,为系统调试的方便,通常设定为外部控制模式。正式运行时,应根据系统工作的要求设定控制模式。

二、频率的设定

变频器的频率设定有两种方式:一种方式是通过面板上的增/减键或面板电位器来直接输入变频器的运行频率;另一种方式是在"RUN"或"STOP"状态下,通过外部信号输入端子直接输入变频器运行频率。两种方式的频率设定只能选择其中之一,通过对功能码的设定来完成。

三、功能码的设定

变频器的所有功能码在"STOP"状态下均可设定,仅有一小部分功能码在"RUN"状态下可设定,不同类型的变频器功能码不同,具体功能码请参阅有关变频器随机使用手册。

四、变频器系统功能的设定

变频器在出厂时,所有的功能码都已经设定了。但是在变频器系统运行时,应根据系统的工艺要求,对有些功能需要重新设定。

下面介绍几种主要功能码的设定。对于其他功能码的设定是否改变,应根据变频器系统的具体工艺要求而定。

(一)频率设定

最高频率变频器驱动的电动机都有最高转速的限制,按照变频调速原理,变频器的最高输出频率对应电动机的最高转速,所以限制变频器的最高输出频率，也就限制了电动机的最高转速。一般设定为50Hz，具体设置值还应考虑减速箱的减速比、工艺要求等。

基本频率这项功能是通过设定变频器 U/F 曲线，来设定电动机的恒转矩和恒功率控制区域。对于不同的系统工艺要求，设定值不同，一般应该按照电动机的额定频率进行设定。额定电压通常对应基本频率。对于按照 U/F 常数控制模式的变频器，当频率增加时，输出电压也增加，但是，当变频器的输出电压达到额定值以后，不论频率增加与否，变频器的输出电压都不能再增加了，否则会损坏变频器和电动机。变频器的 U/F 曲线如图4-1所示。

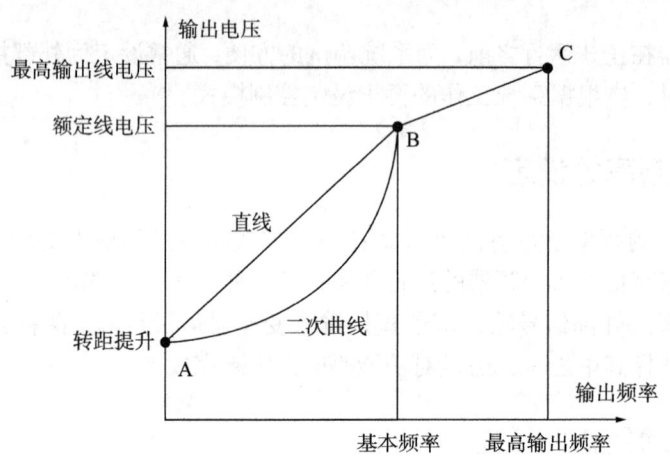

图4-1 变频器的 U/F 曲线

（二）加速/减速时间设定

加速/减速时间的选择决定了调速系统的快速性，如果选择较短的加速/减速时间，意味着生产率的提高。但是，如果选择加速时间太短，系统可能无法启动或者过电流跳闸；如果减速时间太短，可能引起电动机频率下降太快，使电动机进入再生制动状态，甚至可能发生过电压跳闸现象。因此应该合理选择加速/减速时间值。加速/减速时间的选择与电动机所带的负载大小和转矩有关。一种方法是通过计算来设定变频器的加速减速时间；另一种是实验的方法，在满足工艺要求的时间内，以变频器不发生跳闸为依据来设定。当变频器的加速/减速时间满足不了系统的工艺要求时，可采用适当的制动电阻。

（三）电子热过载保护

电子热过载保护继电器这项功能是为了保护变频器所驱动的电动机而设

立的。通过设定电子式热过载继电器具体的保护值后，当电动机出现过电流或过载时，就能避免变频器和电动机的损坏。因电动机的过载倍数比较大，故该值一般均设定为变频器额定值的105%，但当变频器和电动机容量不匹配时，应根据具体情况设定。

（四）转矩设定

对转矩的限制实际上就是限制变频器的过电流。设定的范围为变频器额定电流的120%～180%。该项功能有效时，为使转矩不超过设定值，当电动机为电动运行状态时可使输出频率下降，当电动机为制动运行状态时可使输出频率上升，但最多只能相对于设定频率下降或上升5Hz。

（五）其他

通用变频器可以适合各种极数的电动机，但是变频器面板显示的是电动机的同步转速，使用之前，应该按照电动机的极数设定。电动机的旋转方向电动机的旋转方向必须正确设定。

（六）某些特殊功能的设定

变频器在完成常规设定后，应根据系统工艺的要求完成某些特殊功能的设定。

五、电动机转矩提升的设定

为了满足工业实际生产要求，有些厂商生产的通用变频器都有转矩提升的功能设定。从另一种意义上说，就是选择电压补偿控制的补偿程度。补偿程度过高，系统的效率就会降低，电动机容易发热；补偿程度不足，低频转矩就会偏小。选择 U/F 控制曲线与转矩提升的功能设定具有相同的意义。

转矩提升的设定实际就是选定 U/F 控制曲线。即为不同的负载提供不同的转矩提升曲线，如图4-1所示。在不同的转矩提升曲线中，为不同的低频提供了不同的转矩提升量。在变频器调试时，选择不同的转矩提升曲线，可以实现对不同负载在低频段的补偿。

变频转矩提升曲线在调试时应按电动机运行状态下的负载特性曲线进行选择，泵类恒功率、恒转矩负载应在各自相应的转矩提升曲线中选择。一般普通电动机低频特性不好，如果工艺流程不需要在较低频状态下运行，应按工艺流程要求设置最低运行频率，避免电动机在较低频状态下运行；如果工艺流程需要电动机在较低频段运行，则应根据电动机的实际负载特性认真选择合适的转矩提升曲线。

变频器转矩提升曲线在调试时，应该按电动机运行状态下的负载特性曲线进行选择。为使电动机合理运行，在 $F=0Hz$ 时，电压 U 为某一大于零的值，即图 4-1 中的 A 点。该点应该取多大的值与负载性质有关，如果 A 点选择过高，系统效率就会降低，电动机容易发热；如果 A 点选择偏低，则电动机的低频转矩变小。因此 U/F 曲线也称为转矩提升曲线。在使用变频器时，应根据应用手册提供的功能码对变频器进行转矩提升。而是否选择了合适的转矩提升曲线，可以通过在调试中测量其电压、电流、频率、功率因数等参数来确定，在调试中应在整个调速范围内测定初步选定的几条相近的转矩提升曲线下的各参数数值，首先看是否有超差，然后对比确定较理想的数值。

对转矩提升曲线下的某一频率运行点来说，电压不足（欠补偿）或电压提升过高（过补偿）都会使电流增大，要选择合适的转矩提升曲线，必须通过反复比较分析各种测定数据才能找出真正符合工艺要求、使变频器驱动的电动机能安全运行、功率因数又相对较高的转矩提升曲线。

六、变频器使用注意事项

（1）应按规定接入电源，电压不得过高或过低。

（2）不允许在变频器输出端子上输入电压或其他外部电源电压，否则将损坏变频器。特别是当变频器和电网电源转换运行时，一定要采取联锁措施。

（3）使用时，应保证环境温度符合要求，特别是安装在配电柜的变频器，应充分考虑配电柜的散热条件。

（4）不应用断路器或交流接触器直接进行电动机（变频器—电动机配合）的启动和停止操作，应用变频器上的运行—停止按钮（RUN-STOP）控制电动机的启动和停止。

（5）使用时，应在变频器的输入端接入改善功率因数用的交流电抗线圈。

（6）使用绝缘电阻表测试时，应按变频器说明书的要求进行。

（7）变频器不允许过载运行。如变频器热保护切断后，不允许立即复位使之返回运行状态。应查明原因，消除过载状态后方能再运行。如负载本身过大，则应考虑提高变频器的容量。

七、变频器操作注意事项

（一）准备工作

（1）将面板上的运转开关拨到"STOP"。

（2）将面板上的频率设定旋钮"FREQ.SET"往左（沿逆时针方向）旋到底。

（3）将变频器接通电源，约0.5s后频率显示成"00"。

（4）将运转开关拨到"RUN"。

（5）为确认电动机旋转方向，应将频率设定旋钮"FREQ.SET"沿顺时针方向稍加旋动（5～6Hz），输出频率在频率表中显示，若需要将其逆转，则应将断路器关断（OFF），再将输出端的任意两处换位。

（二）操作步骤

准备工作完成后，按下列步骤操作：

（1）将频率设定旋钮徐徐向右转动，当频率上升到2Hz附近时，电动机应开始启动，继续旋转频率设定旋钮升高频率时，电动机转速也随之升高，当向右旋转到头，则频率上升到最高位置。对于小于最小频率分辨率的微小指令信号，输出频率不变化。

（2）当将频率设定旋钮向左（逆时针）返回时，频率下降，电动机转速下降。当频率下降到2Hz以下时，变频器输出停止，电动机自由转动、自制动后停止。

（3）频率设定旋钮如事先已置于右边某一位置，并保持不动，此时如接通变频器启动开关，则电动机将按面板上已设置的加速时间提高转速，并在到达所设置的频率点前保持连续运转。

（4）当过电流、过电压、瞬时停电、接地、短路等保护电路动作时，面板上的红色指示灯亮，输出停止，保持这种状态直到电动机停止后，用下述方法复位：

①用断路器或接触器，将供电电源切断一次后再接通；

②用控制电路的复位端子和公共端之间的复位开关短路一下（时间应大于0.1s），再放开；

③频率计的指示（外接表）用刻度校正电位器调整，使之与面板上的数字显示值相同；

④在电动机运行中，如将启动开关关掉，则电动机将按减速设置盘上所设置的时间降低转速。当频率降至2Hz以下时，电动机自由旋转、自制动后停止。

第三节　变频器试运行

一、变频器空载试运行

（1）设置电动机的功率、极数，要综合考虑变频器的工作电流、容量和功率，根据系统的工况要求来选择设定功率和过载保护值。

（2）设定变频器的最大输出频率、基频，设置转矩特性。如果是风机和泵类负载，要将变频器的转矩运行代码设置成变转矩和降转矩运行特性。

（3）将变频器设置为自带的键盘操作模式，按运行键、停止键，观察电动机是否能正常地启动、停止。检查电动机的旋转方向是否正确。

（4）熟悉变频器运行发生故障时的保护代码，观察热保护继电器的出厂值，观察过载保护的设定值，需要时可以修改。

（5）变频器带电动机空载运行可以在 10Hz、20Hz、30Hz、50Hz 等几个频率点进行。

二、变频器带负载试运行

（1）手动操作变频器面板的运行、停止键，观察电动机运行、停止过程变频器的显示窗，看是否有异常现象。

（2）如果启动 / 停止电动机过程中变频器出现过电流动作，请重新设定加速减速时间，当电动机负载惯性较大时，应根据负载特性设置运行曲线类型。

（3）如果变频器仍然存在运行故障，尝试增加最大电流的保护值，但是不能取消保护，应留有至少 10%～20% 的保护余量。如果变频器运行故障仍没解除，请更换更大一级功率的变频器。

（4）如果变频器带动电动机在启动过程中达不到预设速度，可能有两种原因：

①系统发生机电共振（可以听电动机运转的声音进行判断）。采用设置频率跳跃值的方法，可以避开共振点。

②电动机的转矩输出能力不够。不同品牌的变频器出厂参数设置不同，在相同的条件下，带载能力不同。也可能因变频器控制方法不同，造成电动机的带载能力不同。或因系统的输出效率不同，造成带载能力有所不同。对于这种情况，可以增加转矩提升量的值。如果仍然不行，请改用新的控制方法。

三、试运行时应该检查的要点

（1）电动机是否有不正常的振动和噪声。
（2）电动机的温升是否过高。
（3）电动机轴旋转是否平稳。
（4）电动机升降速时是否平滑。
（5）试运行正常以后，按照系统的设计要求进行功能单元操作或控制端子操作。

第四节　变频器的检查与维护保养

一、变频器的检查

在实际应用中，变频器受周围的温度、湿度、振动、粉尘、腐蚀性气体等环境条件的影响，其性能会有一些变化。如使用合理、维护得当，则能延长使用寿命，并减少因突然故障造成的生产损失。如果使用不当，维护保养跟不上，就会出现运行故障，导致变频器不能正常工作，甚至造成变频器过早的损坏，影响生产设备的正常运行。因此日常记录、日常检查与定期检查是必不可少的。

变频器日常记录、日常检查和定期检查主要目的是尽早发现异常现象，清除尘埃、紧固检查、排除事故隐患等。在通用变频器运行过程中，可以从设备外部目视检查运行状况有无异常，通过键盘面板转换键查阅变频器的运行参数，如输出电压、输出电流、输出转矩、电动机转速等，掌握变频器日常运行值的范围，以便及时发现变频器及电动机问题。

（一）日常记录

每天要记录变频器及电动机的运行数据，包括变频器输出频率、输出电流、输出电压、变频器内部直流电压、散热器温度等参数，与合理数据对照比较，以利于早日发现故障隐患。变频器如发生故障跳闸，务必记录故障代码和跳闸时变频器的运行工况，以便具体分析故障原因。

（二）变频器的日常检查

变频器的日常检查一般每两周进行一次。日常检查包括不停止变频器运行或不拆卸其盖板进行通电和启动试验，通过目测变频器的运行状况，确认有无异常情况。检查记录运行中的变频器输出三相电压，并注意比较它们之间的平衡度；检查记录变频器的三相输出电流，并注意比较它们之间的平衡度；检查记录环境温度、散热器温度；查看变频器有无异常振动、声响、风扇是否运转正常。

对于连续运行的变频器，可以从外部目视检查运行状态。定期对变频器进行巡视检查，检查变频器运行时是否有异常现象。通常应做如下检查：

（1）环境温度是否正常，要求在 $-10 \sim +40℃$ 范围内，以 $25℃$ 左右为好。

（2）变频器在显示面板上显示的输出电流、电压、频率等各种数据是否正常。

（3）键盘面板显示是否正常，有无缺少字符。仪表指示是否正确、是否有振动、振荡等现象。

（4）冷却风扇部分是否运转正常，是否有异常声音等，散热风道是否通畅。

（5）用测温仪器检测变频器是否过热，是否有异味情况。

（6）变频器有无噪声、振动等异常。

（7）变频器周围环境是否符合标准规范，温度与湿度是否正常。

（8）变频器的散热器温度是否正常。

（9）变频器控制系统是否有集聚尘埃的情况。

（10）变频器控制系统的各连接线及外围电气元件是否有松动等异常现象。

（11）检查变频器的进线电源是否异常，电源开关是否有电火花、缺相、引线压接螺栓松动等，电压是否正常。检查变频器交流输入电压是否超过最大值。极限是418V（380V×1.1），如果主电路外加输入电压超过极限值，即使变频器没运行，也会对变频器线路板造成损坏。

（12）检查电动机是否有过热、异味、噪声、振动等异常情况。

（三）变频器的定期检查

定期检查时要切断电源，停止变频器运行并卸下变频器的外盖。主要检查不停止运转而无法检查的地方或日常难以发现问题的地方，以及电气特性的检查、调整等，都属于定期检查的范围。检查周期根据系统的重要性、使用环境及设备的检修计划等综合情况来决定，通常为6～12个月。

开始检查时应注意，变频器断电后，主电路滤波电容器上仍有较高的充电电压，放电需要一定时间，一般为5～10min，必须等待"充电"指示灯熄灭，并用电压表测试确认充电电压低于25V DC以下后才能开始作业。主要的检查项目如下：

（1）检查周围环境是否符合规范，检查周围的温度是否在-10～40℃之间，安装环境是否通风良好；检查湿度是否维持在90%以下（不可有结水滴的现象）。

（2）检查显示面板是否清楚，有无缺少字符。

（3）用万用表测量主电路、控制电路电压是否正常。

（4）检查框架结构有无松动，导体、导线有无破损。

（5）变频器由于振动、温度变化等影响，螺栓等紧固部件往往松动，应将所有螺丝钉、螺栓以及插接件等全部紧固一遍。

（6）检查滤波电容器有无漏液，电容量是否降低。高性能的变频器带有自动指示滤波电容容量的功能，由面板可显示出电容量，并且给出出厂时该电容的容量初始值，并显示容量降低率，推算出电容器的寿命。普及型通用变频器则需要用电容量测试仪测量电容量，测出的电容量应大于初始电容量的85%，否则应予以更换。

（7）检查电阻、电抗、继电器、接触器是否完好，有无断线。检查继电器、接触器的触点是否有打火痕迹，严重的要更换同型号或大于原容量的新品接触器。

（8）检查通风道有无异常。检查冷却风扇运行是否完好，如有问题则应进行更换。冷却风扇的寿命受限于轴承，根据变频器运行情况需要2～3年更换一次风扇或轴承。检查时如发现异常声音、异常振动，同样需要更换。

（9）检查印制电路板的连接有无松动、电容器有无漏液、板上线条有无锈蚀、断裂等。

（10）检查输入输出电抗器、变压器等是否过热，变色烧焦或有异味。

（11）检查导体及绝缘体是否有腐蚀现象，如有要及时用酒精擦拭干净。

（12）测量开关电源输出各电路电压的平稳性，如：5V、12V、15V、24V等电压。

（13）确认控制电压的正确性，进行顺序保护动作试验；确认保护显示回路无异常；确认变频器在单独运行时输出电压的平衡度。

（14）检查变频器绝缘电阻时，注意不能用兆欧表（绝缘电阻表）对线路板进行测量，否则会损坏线路板的电子元器件。

（15）将变频器的R、S、T端子和电源端电缆断开，U、V、W端子和电动机端电缆断开，用兆欧表测量电缆每根导线之间以及每根导线与保护接地之间的绝缘电阻是否符合要求。

（16）变频器在检修完毕投入运行前，应带电动机空载试运行几分钟，并校对电动机的旋转方向。

（四）变频器外部环境的检查

对于变频器外部环境，需做以下一些检查：

（1）认真监视并记录变频器人机界面上的各显示参数，发现异常应及时反映。

（2）认真监视并记录变频室的环境温度，环境温度应在-10～40℃之间。

（3）检查周围空气中是否含有过量的尘埃，酸、盐、腐蚀性及爆炸性气体。

（4）夏季是多雨季节，应注意检查是否有雨水进入变频器内部（例如雨水顺风道出风口进入）。

（5）检查变频器柜门上的过滤网是否被灰尘堵塞，通常每周应清扫一次过滤网；如工作环境灰尘较多，清扫间隔还应根据实际情况缩短。

（6）检查变频室是否保持干净整洁，应根据现场实际情况随时清扫。

（7）检查变频室的通风散热设备（空调、通风扇等）是否能够正常运转。

（8）检查在变频器正常运行中，其控制柜通风效果是否良好。

二、变频器的维护保养

（一）低压小型变频器的维护保养

低压小型变频器是指工作在低压电网380V（220V）上的小功率变频器。这类变频器多以垂直壁挂形式安装在控制柜中，其定期维护和保养主要包括以下几个方面。

1. 定期清扫除尘

变频器工作时，由于风扇吹风散热及工作时元器件的静电吸附作用，很容易在变频器内部及通风口积尘，特别是工作现场多粉尘及絮状物的情况下，积尘会更加严重。积尘可造成变频器散热不良，使内部温度增加，降低变频器的使用寿命或引起过热跳闸。视积尘情况，可定期进行除尘工作。

对变频器进行除尘，重点是整流柜、逆变柜和控制柜，必要时可将整流模块、逆变模块和控制柜内的线路板拆除后进行除尘。变频器下进风口、上出风口因积尘过多而易被堵塞，因此也是除尘重点。变频器柜门上的过滤网通常每周应清扫一次。如工作环境灰尘较多，清扫间隔还应根据实际情况缩短。

除尘前应先切断电源，待变频器的储能电容充分放电后（5～10min），打开机盖。在打开机盖后不要急于除尘，要认真观察内部结构，必要时画出简图，做文字记录，以免在除尘时不小心将微动开关移位、插头松动等影响变频器除尘后的正常工作。

除尘时首先对变频器内部各部分进行清扫，最好用吸尘器吸取内部尘埃，也可以用毛刷或压缩空气，对积尘进行清理。操作要格外小心，不要碰触机芯的元器件及微型开关、接插件端子等，以免除尘后变频器不能正常工作。对于清扫不掉的东西，可以用绸布擦拭，清扫时应自上而下。清扫过程中，如果发现可疑故障点，应该做好标记，以便进一步确认。

夏季温度较高时，应加强变频器安装场地的通风散热。确保周围空气中不含有过量的尘埃，酸性、盐性、腐蚀性及爆炸性气体。

2. 紧固检查

由于变频器运行过程中温度上升、振动等原因，常常引起主电路器件、控制电路各端子及引线松动，发生腐蚀、氧化、断线等，所以需要进行紧固检查。进行紧固检查时，将变频器前门打开，后门拆开，仔细检查交直流母排有无变形、腐蚀、氧化，并仔细检查母排连接处螺栓有无松脱、各安装固定点处紧固螺栓有无松脱，还应检查固定用绝缘片或绝缘柱有无老化开裂或变形，同时还应注意框架结构件有无松动，导体、导线有无破损等。如有应及时更换，重新紧固．对已发生变形的母排需校正后重新安装。

3. 电容器检查

变频器电路中无极性固定电容器一般不易损坏，在检修变频电路时，主要检查大功率电路的电解电容（主回路滤波电容）。检查滤波电容器有无漏液，外壳有无膨胀、鼓泡或变形，安全阀是否破裂，通电时是否有异常发热，有条件的可对电容容量、漏电流、耐压等进行测试，对不符合要求的电容进行更换。滤波电容的使用周期一般为5年，对使用时间在5年以上，电容容量、漏电流、耐压等指标明显偏离检测标准的，应酌情部分或全部更换。对于更换电容器又很快损坏的，除了考虑电容本身的质量问题外，还要考虑端电压是否存在过高的故障引起电容器损坏。

4. 检测整流、逆变部分

对整流、逆变部分的二极管、GTO、IGBT用万用表进行电气检测，测定其正向电阻值、反向电阻值，并在事先制定好的表格内认真做好记录，看各极间阻值是否正常，同一型号的器件一致性是否良好，必要时进行更换。

5. 定期检查电路的主要参数

变频器的一些主要参数是否在规定的范围内，是变频器安全运行的标志。如主电路和控制电路电压是否正常，滤波电容是否漏液及容量是否下降等。此外，变频器的主要参数大多通过面板显示，因此面板显示清楚与否，有无缺少字符也应为检查的内容。

6. 防腐处理

对线路板，母排等除尘后，进行必要的防腐处理，涂刷绝缘漆，对已出现局部放电、拉弧的母排需去除其毛刺后,再进行处理。对已绝缘击穿的绝缘板,需去除其损坏部分,在其损坏附近用相应绝缘等级的绝缘板对其进行隔绝处理,紧固并测试绝缘并认为合格后方可投入使用。

7. 检查变频器的外围电路和设施

(1)对进线柜内的主接触器及其他辅助接触器进行检查,仔细观察各接触器动、静触点有无拉弧、毛刺或表面老化,不平。发现此类问题应对其相应的动触点、静触点进行更换,确保其接触安全可靠。

(2)检查整流柜、逆变柜内风扇运行及转动是否正常,停机时,用手转动,观察轴承有无卡死或杂音,必要时更换轴承或维修。

(3)检查电抗器有无异常鸣叫、振动或糊味。

(4)仔细检查端子排有无老化、松脱,是否存在短路隐性故障,各连接线连接是否牢固,线皮有无破损,各电路板接插头接插是否牢固。进出主电源线连接是否可靠,连接处有无发热氧化等现象,接地是否良好。

(二)高压柜式变频器的维护保养

高压变频器指工作电压在 6kV 以上的变频器。此类变频器一般均为柜式。高压变频器一般的安装环境要求:最低环境温度 −5℃,最高环境温度 40℃。大量研究表明,高压变频器的故障率随温度升高而成指数的上升,使用寿命随温度升高而成指数的下降,环境温度升高 10℃,高压变频器使用寿命将减半。此外,高压变频器运行情况是否良好,与环境清洁程度也有很大关系。夏季是高压变频器故障的多发期,只有通过良好的维护保养工作,才能够减少设备故障的产生,请用户务必注意。高压变频器定期维护与保养除了参照以上低压变频器的维护与保养条款之外,还有以下内容:

(1)打开变频器的前门和后门板,仔细检查交直流母线排有无变形、腐蚀、氧化;母线排连接处螺栓有无松动;各安装固定点处紧固螺栓有无松动;固定用绝缘片和绝缘柱有无老化、开裂或变形。如以上检查发现问题,应及时处理。

(2)对整流、逆变部分的二极管、GTO(IGBT)等大功率器件进行电气检测。用万用表测定其正向电阻、反向电阻,并在事先制定好的表格上做好记录;查看同一型号的器件一致性是否良好,与初始记录是否相同,如个别器件偏离较大,应及时更换。

(3)仔细检查各端子排有无老化松脱;是否存在短路的隐患故障;各连接线是否牢固,线皮有无破损;各电路板接线插头是否牢固;进出主电源线连接是否可靠，连接处有无发热、氧化等现象。保证各个电气回路的正确可靠连接，防止不必要的停机事故发生。

（4）变频器长时间停机后恢复运行，应测量变频器（包括移相变压器、旁通柜主回路）绝缘，应当使用 2500V 兆欧表。测试绝缘合格后，才能启动变频器。

（5）每次维护变频器后，要认真检查有无遗漏的螺栓及导线等，防止小金属物品造成变频器短路事故。特别是对电气回路进行较大改动后，确保电气连接线的连接正确、可靠。

（6）在夏季高压变频器维护时，应注意变频器安装环境的温度，定期清扫变频器内部灰尘，确保冷却风路的通畅。

（7）检查变频器柜内所有接地是否可靠，接地点有无生锈。另外，如有条件可对滤波后的直流波形、逆变输出波形及输入电源谐波成分进行测定。

三、变频器维护注意事项

（1）维护检查时，务必先切断输入变频器（R、S、T）的电源。

（2）因为变频器内部大电容的作用，在切断了变频器的电源之后，与充电电容有关的部分将仍有残存电压，因此在断开电源约 10min 左右，待电容放电完毕，"充电"指示灯熄灭后，或用万用表确认电容器放电完毕后，再进行维护操作，以确保操作者的安全。

（3）在出厂前，生产厂家都已对变频器进行了初始设定，一般不能任意改变这些设定。在改变了初始设定后，又希望恢复初始设定值时，一般需进行初始化操作。

（4）维修前记录保留变频器内部的关键参数。

（5）在新型变频器的控制电路中使用了许多 CMOS 芯片。用手指直接触摸电路板时将可能使这些芯片因静电作用而遭到破坏，因此应充分加以注意。

（6）必须是专业人员才能更换零件，严禁将线头或金属物遗留在变频器内部，否则会导致设备损坏。

（7）更换主板后，必须在上电运行前进行参数的修改，否则可能会导致相关设备的损坏。

（8）在通电状态下不得进行接线或拔插连接插头等操作。

（9）变频器出厂前已经通过耐压试验，用户不必再进行耐压测试，否则会损坏器件。

(10)在检查过程中,绝对不可以将内部电源及线材、排线拔起及误配,否则会造成变频器不工作或损坏。

(11)不能将变频器的输出端子(U、V、W)接在交流电网电源上。

(12)在变频器工作过程中不能对电路信号进行检查。这是由于在连接测试仪表时所出现的噪声以及误操作,有可能带来变频器故障。

(13)当变频器发生故障而无故障显示时,注意不能轻易通电,以免引起更大的故障。当出现这种状况时,应断电做电阻特性参数测试,初步查找故障原因。

(14)维修以后,保持变频器的干净,避免尘埃、油雾、湿气侵入。

四、变频器保养注意事项

(1)每台变频器每季度要清灰保养1次。

(2)保养时,要清除变频器内部和风路内的积灰、脏物,将变频器表面擦拭干净,变频器的表面要保持清洁光亮。

(3)在保养的同时要仔细检查变频器,查看变频器内有无发热变色部位。观察电解电容器有无膨胀、漏液等现象。

(4)保养结束后,要恢复变频器的参数和接线,送电,带电动机工作在3Hz的低频约1min,以确保变频器工作正常。

第五节　变频器投运前测量

在变频器投运前以及发生故障时，常需要对变频器进行初步测量，检测常用的仪器仪表包括指针万用表、数字万用表、接地电阻表、示波器等。作为变频器应用与维护人员，需要了解变频器内部元器件及测量方法。本节只描述变频器的静态测试，静态测试是在变频器未通电的情况下进行的，主要用于检查变频器的内部电路连接和元件状态，不包括电子线路板（芯片级）测量与维修。

一、整流模块、逆变模块

变频器内部整流模块、逆变模块种类繁多，下面以低压三相变频器常用的三相整流模块和 IGBT 模块为例简要说明。

（一）三相整流模块

三相整流模块由 6 只二极管组成，它的好坏可以根据二极管正向导通反向截止的特性进行判断。三相整流模块的实物、图形符号，如图 4-2 所示。

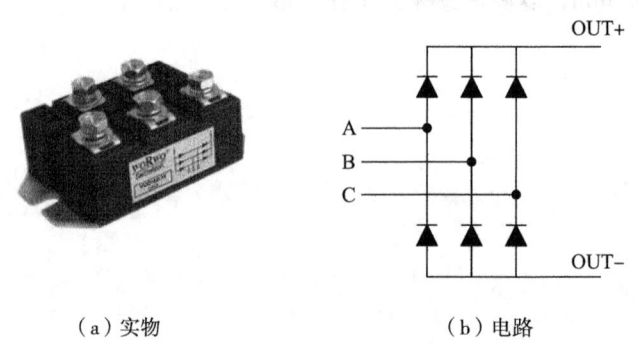

（a）实物　　　　　　　　（b）电路

图 4-2　整流模块

（二）IGBT 模块

IGBT（绝缘栅双极型晶体管），是由 BJT（双极结型晶体三极管）和 MOS（绝缘栅型场效应管）组成的复合全控型、电压驱动式、功率半导体器件，其具有自关断的特征。简单讲，IGBT 是一个非通即断的开关，导通时可以看作导线，断开时当作开路。IGBT 融合了 BJT 和 MOSFET 的两种器件的优点，如驱动功率小和饱和压降低等。

IGBT 模块是由 IGBT 与续流二极管通过特定的电路桥接封装而成的模块化半导体产品，具有节能、安装维修方便、散热稳定等特点，IGBT 模块的实物、图形符号，如图 4-3 所示。

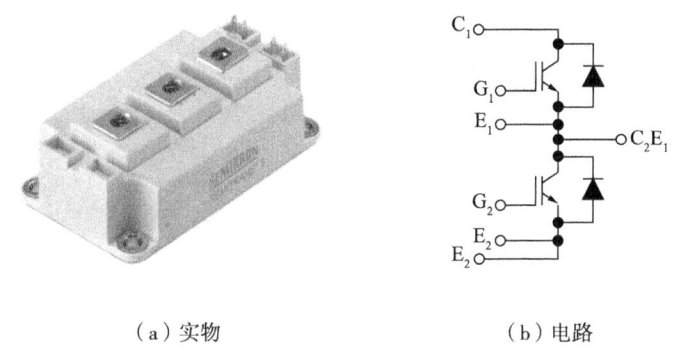

（a）实物　　　　　　　　（b）电路

图 4-3　IGBT 模块

（三）续流二极管

在逆变电路接感性负载的情况下，感性负载中的电流不能突变。在换相时，为了维持电感上的电流，IGBT 中的电流会转移到反并联的二极管上，以维持电流的持续流动，如图 4-4 所示。当下管 IGBT 开通时，负载电感上会产生一个电流，如箭头所示。当下管 IGBT 关闭后，电流不能再从 T1 上流过，于是电流就换流到上管的反并联二极管 D2 上。这就是反并联二极管，又叫续流二极管。

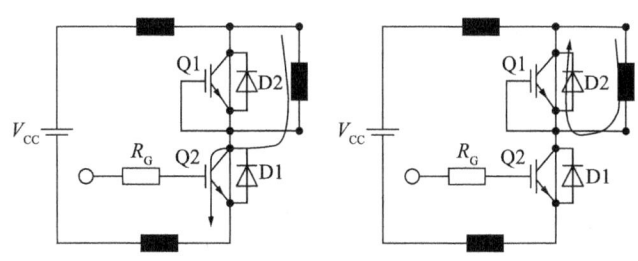

图 4-4　IGBT 模块续流二极管

二、变频器主回路

当前常用的低压变频器多采用交—直—交的电路结构，其内部主要电路由整流、滤波和逆变组成，如图4-5所示。三相交流电源从变频器R、S、T端输入，经二极管D1～D6构成三相整流桥整流成直流电。如图4-6中P1、P(+)表示直流的正极，N(-)表示直流的负极。电阻R为充电限流电阻，KM短接限流电阻的交流接触器常开触点。电容C1和C2是滤波电解电容。6个IGBT管Q1～Q6构成三相逆变桥，把直流电逆变成频率和电压任意可调的三相交流电由V、U、W端输出给负载电机。

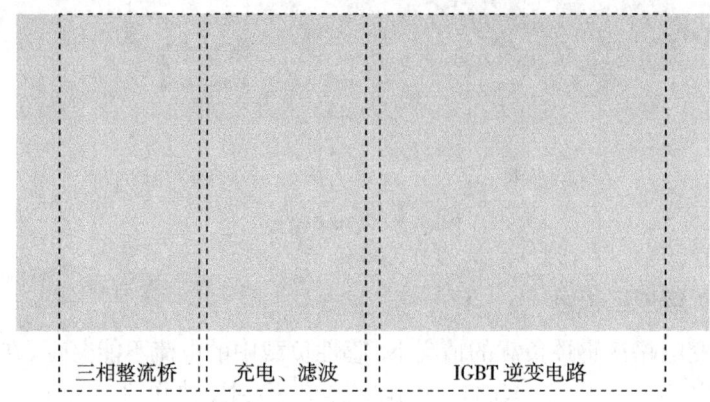

图4-5 交—直—交的电路结构

三、数字万用表检测变频器主回路

在日常维护中，维修人员可以凭借数字万用表判断整流模块、IGBT模块是否损坏。通过以上描述可以看出三相整流桥由二极管组成，IGBT生产中续流二极管芯片作为IGBT模块的一部分，会与IGBT芯片一起进行封装处理，IGBT芯片与续流二极管封装为一个整体。可以运用二极管单向导电特性初步测量判断变频器整流模块、IGBT模块好坏。整流模块、IGBT模块接点已经引出至变频器接线端子，变频器主回路端子示意图，如图4-6所示。在检测过程中并不用将整流模块、IGBT模块拆下来。

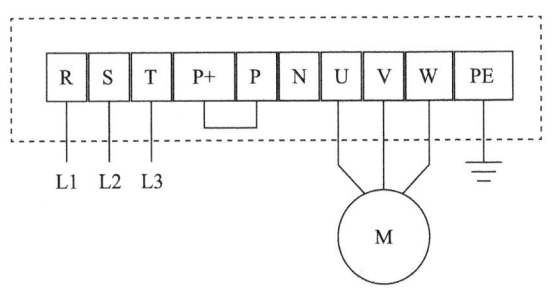

图 4-6 简化交—直—交的电路结构

检测前拆除变频器三相交流电输入端子接线（R/L1、S/L2、T/L3）和变频器三相交流输出端接线（U/T1、V/T2、W/T3）后操作。

将数字万用表打到"二级管"挡，然后通过数字万用表的红表笔和黑色表笔按以下步骤检测变频器主回路：

（1）数字万用表黑色表笔接触直流母线的正极（P+），红色表笔依次接触变频器输出端子（U/T1、V/T2、W/T3），记录万用表上的显示值；然后再把红色表笔接触（N），黑色表笔依次接触（U/T1、V/T2、W/T3），记录万用表的显示值；六次显示值如果基本平衡，则表明变频器IGBT逆变模块无问题，反之相应位置的IGBT逆变模块损坏。

（2）数字万用表黑色表笔接触直流母线的正极P（+），红色表笔依次接触变频器输入端子（R/L1、S/L2、T/L3），记录万用表上的显示值；然后再用数字万用表红色表笔接触（N），黑色表笔依次接触变频器输入端子（R/L1、S/L2、T/L3），记录万用表的显示值；六次显示值如果基本平衡，则表明变频器二极管整流或限流电阻无问题。反之相应位置的整流模块或限流电阻损坏。测量示意图，如图 4-7 所示。

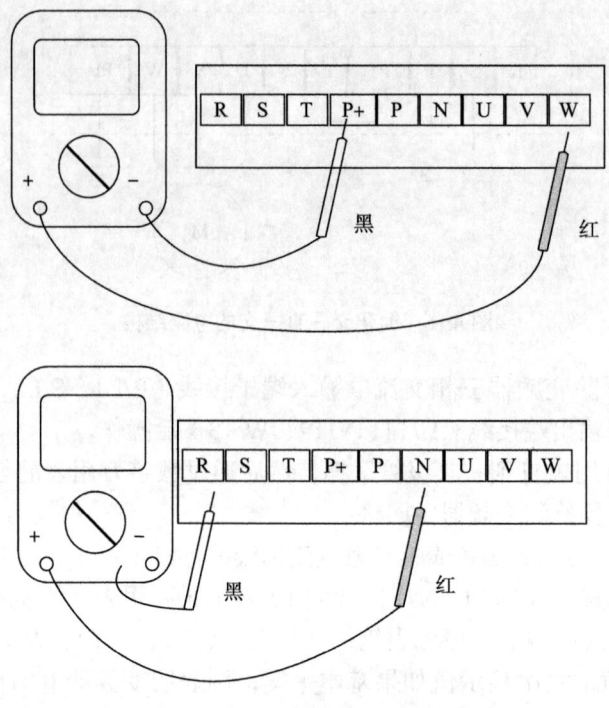

图 4-7 测量示意图

第五章
变频器控制基础应用

变频器在运行过程中，要通过低压电器进行通电、运行、停止等操作。在低压电器控制电路的设计中，要保证设备的安全运行，能完成控制要求，还要操作方便。本章以台达 VFD 变频器为例介绍几种常用的变频器基本控制电路。

第一节 变频器基本控制电路

一、变频器启动

"上电启动"是指通过接通电源直接启动电动机,如图 5-1(a)所示。变频器一般也可以采用"上电启动",但是大多数变频器不采用这种方式来启动电动机。变频器一般不使用接触器 KM 来直接控制电动机的启动和停止,原因是:突然断电容易损坏变频器,并且断电后变频器将失去对电动机的控制,电动机自由停机。有的变频器有上电启动功能,但是实际应用中不建议选择"上电启动"方式。

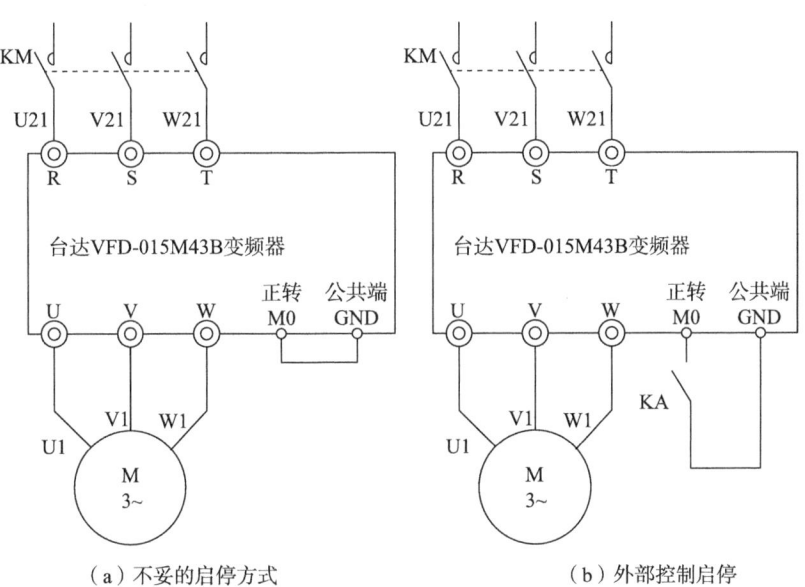

(a)不妥的启停方式　　　　　　(b)外部控制启停

图 5-1　基本控制方式

键盘控制启动,按下面板上的"RUN"键或"FWD"键,电动机即按预置的加速时间加速到所设定的频率。按下面板上的"STOP"电动机按照参数设置方式停止运行。

端子控制启动(外接启动)如图 5-1(b)所示。在该图中,采用继电器触点 KA,使变频器控制端子中的"FWD"(正转)端子和"COM"端子之间接通；或使"REV"（反转）端子和"COM"或"GND"端子之间接通。则变频器的输出频率开始按预置的升速时间上升，电动机随频率的上升而开始启动。如果断开"FWD"端子和"CM"端子，变频器的输出频率将按预置的降速时间下降为 0Hz，电动机降速并停止。

二、正转运行的基本电路

变频器在日常应用中，大部分情况下只要求电动机正转运行，其基本控制电路如图 5-2 所示。

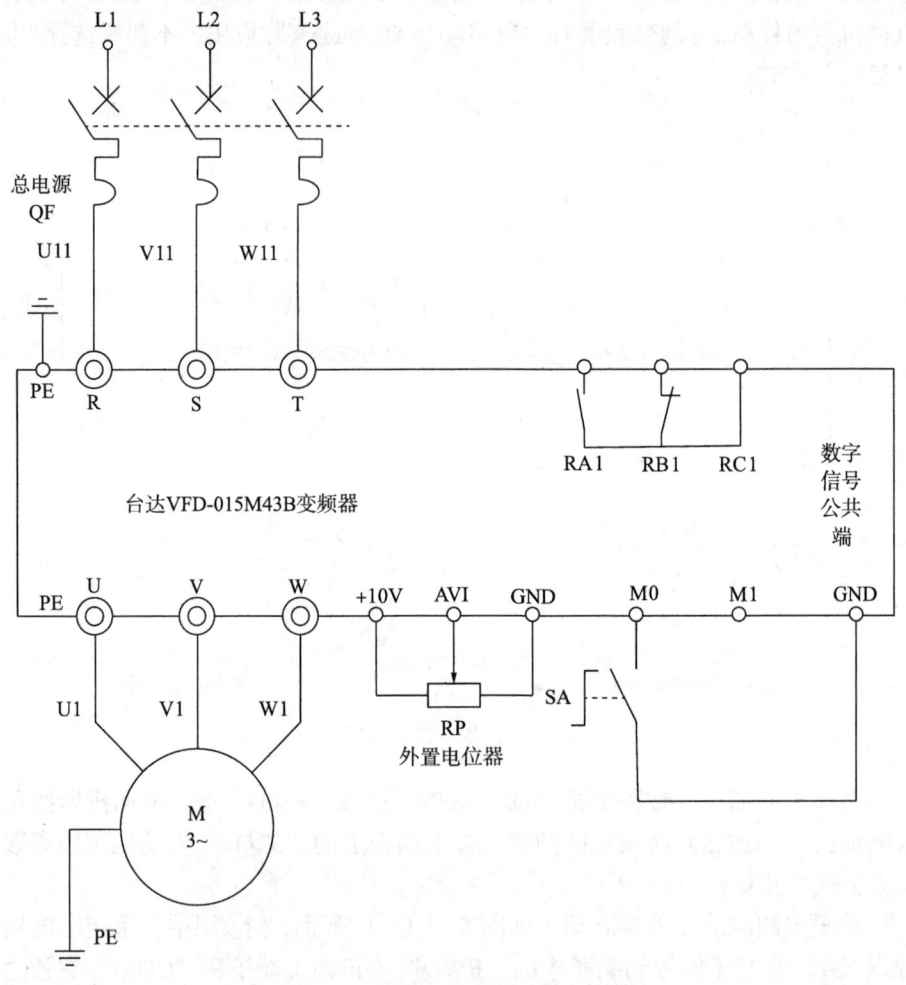

图 5-2 电动机正转运行基本电路

工作时，首先通过合上总电源开关接通变频器的电源，然后通过转换开关 SA 的常开（动合）触点将正转 M0（或 FWD）与公共端 COM（或 GND）相接，电动机即开始转动。

三、继电器控制变频器驱动电动机正转运行的控制电路

采用外接继电器控制变频器驱动电动机正转运行控制电路如图 5-3 所示。该控制电路中，接触器 KM 只用来控制变频器是否通电，而电动机的启动与停止是由继电器 KA 来控制的。

如图 5-3 所示，在接触器 KM 和中间继电器 KA 之间，有两个互锁环节。在接触器 KM 未吸合前（即未接通变频器电源前），继电器 KA 不能接通，从而防止了先接通继电器 KA 的误动作。另外，当中间继电器 KA 接通时，其并联在按 SB1 两端的常开触点 KA 闭合，使接触器 KM 的停止按钮 SB1 失去作用，这样保证了只有在电动机先停机的情况下，才能使变频器切断电源。

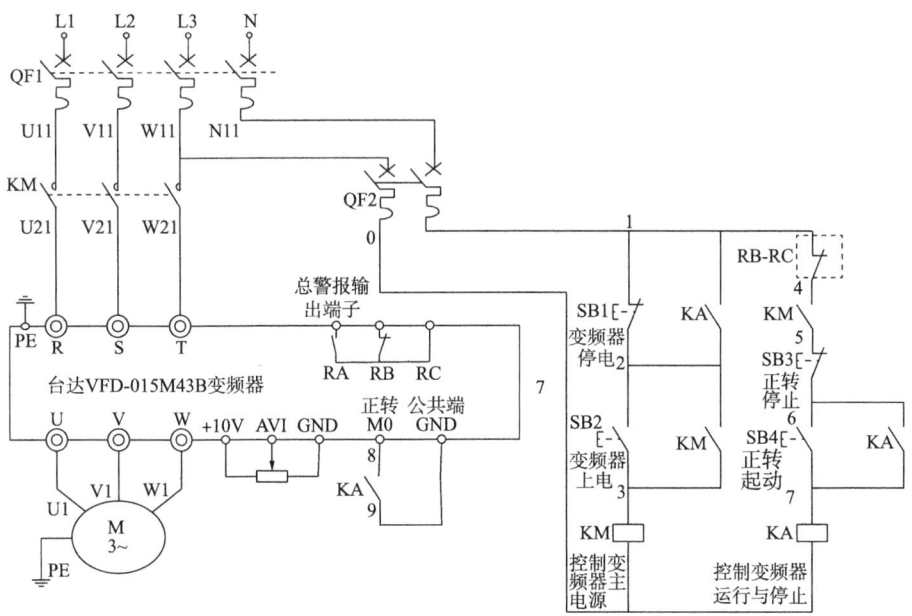

图 5-3　继电器控制变频器驱动电动机正转运行的控制电路

四、变频器直接驱动电动机正反转控制电路

(一) 改变电动机旋转方向的方法

一般情况下,习惯于通过改变相序来改变三相异步电动机的旋转方向。但是,在使用变频器的情况下,需要注意以下几点:

(1) 交换变频器进线的相序是没有意义的,因为变频器的中间环节是直流电路,所以,变频器输出电路的相序与变频器输入电路的相序之间是毫无关系的。

(2) 交换变频器输出线的相序是可以的,但却不是最佳方法。因为变频器本身就有正反转控制功能。

(3) 变频器的输入控制端子中,有"正转控制端"(FWD)和"反转控制端"(REV),如果需要改变电动机的转向,改变变频器输入控制端子接线可以实现正反转控制。

(4) 通过变频器功能参数设置,也可以很方便地改变电动机旋转方向。

(二) 变频器控制电动机正反转

以台达变频器 VFD-M 系列为例,变频器控制电动机正反转基本电路,如图 5-4 所示。通过查询变频器手册设置功能代码。首先要设置的参数包括运行信号来源 P01 为运转命令由外部端子控制,其他功能代码使用默认值。多功能输入端子(M0,M1)功能设置 P38 实现正反转控制如下:

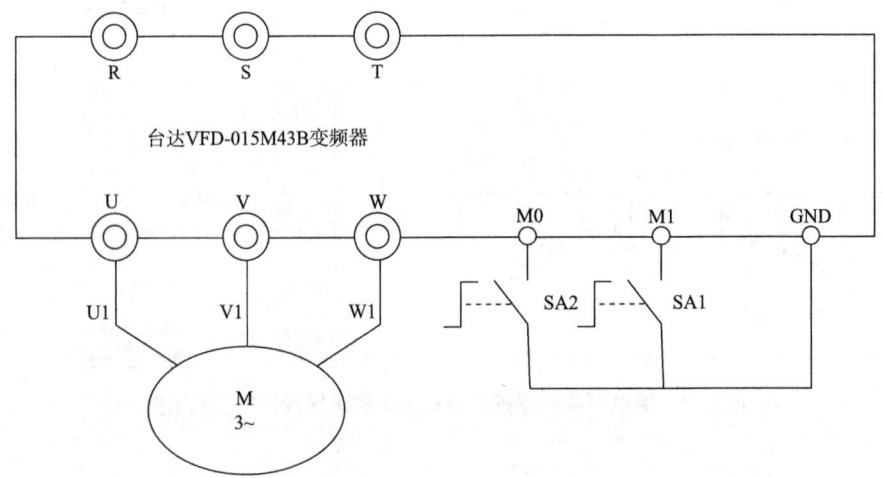

图 5-4 变频器控制正反转(两线式控制)

（1）设置代码 P38 多功能输入端子（M0，M1）功能参数为"00"即两线制运行模式"一"可实现当 SA1 保持"断开"状态，SA2"闭合"电动机正转，"断开"电动机停止；当 SA2 保持"断开"状态，SA1"闭合"电动机反转，"断开"电动机停止；SA1，SA2 同时"闭合"电动机停止运行。

（2）设置代码 P38 多功能输入端子（M0，M1）功能参数为"01"即两线制运行模式"二"SA2 控制启停电动机，当 SA2"闭合"电动机运转，"断开"电动机停止；SA1 控制电动机正反转，SA1"闭合"电动机反转，"断开"电动机正转。

（3）设置代码 P38 多功能输入端子（M0，M1，M2）功能参数为"02"即三线制运行模式，如图 5-5 所示。M2 点被设为自保持功能。按下 SB3 启动按钮电动机运转（自保持），按下 SB4 停止按钮电动机停止，SA 控制电动机正反转，SA"闭合"电动机反转，"断开"电动机正转。

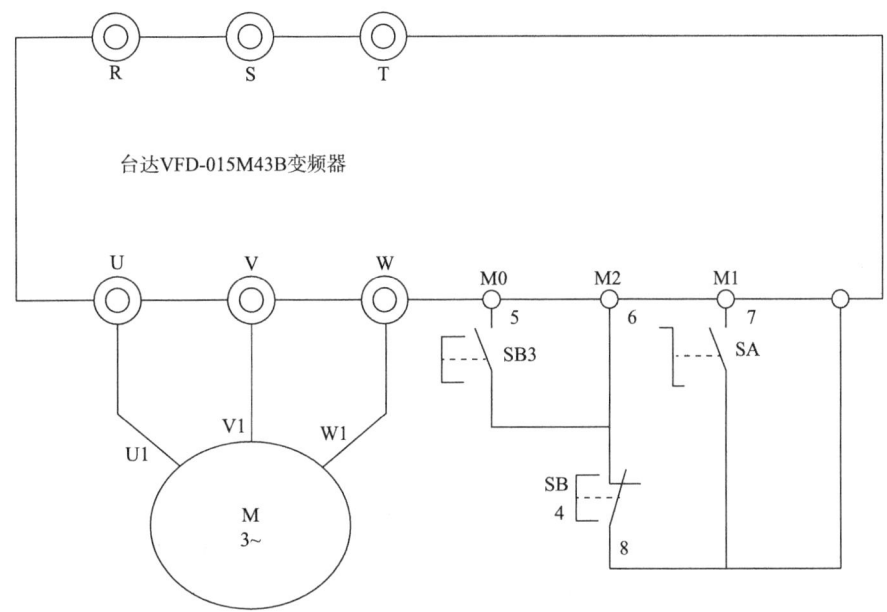

图 5-5 变频器三线制控制电动机正反转

五、接触器控制的工频与变频切换控制电路

在交流变频调速系统中，根据工艺要求，需要选择"工频"运行或"变频"运行。一些关键设备在投入运行后不允许停机，由变频器拖动，变频器一旦

出现异常，应切换到工频电源；另外，有一类负载，应用变频器拖动，是为了变频调速节电，如果变频器达到了接近工频输出时，并且在很长期内需要长期接近工频运行，这时应将变频运行切换到工频运行。因此，工频与变频切换电路是一种常用电路。

用接触器控制实现变频器工频与变频切换的控制电路如图 5-6 所示。

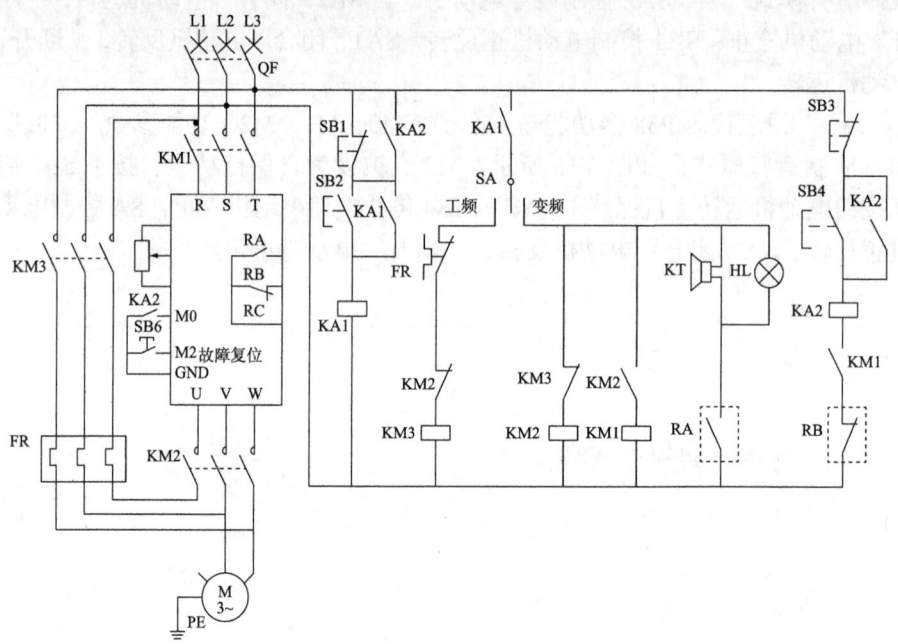

图 5-6 接触器控制的工频与变频切换控制电路

（一）工频运行

如图 5-6 所示，由于在工频运行时，变频器不能对电动机提供过载保护，所以主电路中接入了热继电器 FR，用于工频运行时的过载保护。同时，由于变频器输出端不允许与电源相连，所以，接触器 KM2 与 KM3 之间必须有互锁保护，防止这两个接触器同时接通。接触器 KM3 为工频运行接触器，当 KM3 主触点闭合时，电动机由工频电网供电。SA 为变频、工频切换旋转开关。当将旋转开关 SA 转到"工频"运行方式（即转到接触器 KM3 的线圈所在支路）时，按下总电源控制按钮 SB2，中间继电器 KA1 线圈得电吸合，其一组动合触点 KA1 闭合实现 KA1 的自锁（自保持）；另一组动合触点 KA1 闭合，将接触器 KM3 线圈接通。KM3 线圈得电吸合，其主触点闭合，电动机由工频供电运行,与此同时,接触器 KM3 的动断辅助触点断开,切断了接触器 KM2 线圈所在的支路,实现了 KM3 与 KM2 的互锁。

当按下停止按钮 SBI 时,中间继电器 KA1 失电释放,其动合触点 KA1 断开(复位),接触器 KM3 的线圈也失电释放,KM3 的主触点断开,电动机停止运行。

(二)变频运行

如图 5-6 所示,当将旋转开关 SA 转到"变频"运行方式(即转到变频控制支路)时,按下总电源控制按钮 SB2,中间继电器 KA1 线圈得电吸合,其一组动合触点 KA1 闭合,实现 KA1 的自锁;另一组动合触点 KA1 闭合,将接触器 KM2 线圈接通。KM2 线圈得电吸合,KM2 的动合辅助触点闭合,使接触器 KM1 线圈得电吸合,即 KM2 吸合后 KM1 吸合,两个接触器主触点闭合将变频器与电源和电动机接通,使其处于变频运行的待机状态,此时,串联在中间继电器 KA2 支路中的 KM1 的一组动合辅助触点闭合,为变频器启动做准备。与此同时,接触器 KM2 的动断辅助触点断开,切断了接触器 KM3 线圈所在的支路,实现了 KM2 与 KM3 的互锁。

当按下变频器工作按钮 SB4 时,中间继电器 KA2 线圈得电吸合,其一组动合触点将 SB4 短路自保,另一组动合触点接通变频器的 M0 与 GND 端子,电动机正向转动。此时 KA2 还有一组动合触点将总电源停止按钮 SB1 短路,使它失效,以防止用总电源停止按钮停止变频器。

当变频器需要停止输出时,按下停止按钮 SB3,中间继电器 KA2 线圈失电释放,KA2 所有的动合触点断开,变频器的 M0 与 GND 端子开路,变频器停止输出,电动机停止运行。如按下总电源停止按钮 SB1,中间继电器 KA1 释放,接触器 KM2、KM3 均释放,变频器断电。

(三)故障保护

当变频器工作时,由于电源电压不稳定、过载等异常情况发生时,变频器的集中故障报警输出触点 RB、RC 动作。RB、RC 动断触点由接通转为断开(此时变频器停止输出,电动机停止运行),与此同时,RA 动合触点闭合,报警蜂鸣器 HA、报警灯 HL 与电源接通,发出声光报警。当操作人员发现报警后,按下复位按钮 SB5,声光报警停止。查看变频变故障代码,将故障代码及当时的设备运行情况记入设备运转记录,将问题上报设备管理部门,安排专业人员对变频器进行检修。如设备允许工频运行,将 SA 开关旋转到"工频"运行位置,临时将设备投入工频运行。

第二节　变频器在游梁式抽油机上的应用

变频调速技术得益于其优异的节能特性和调速特性，在我国油田中得到广泛应用。油田中变频器的应用主要集中在游梁式抽油机控制、各种泵类控制等。现以油田数量多的抽油机工/变频控制为例子介绍油田变频器应用，其他风机、泵类属于通用设备可以根据实际情况进行电路设计。各种变频器控制电路繁多，应用时可以根据需求采取各种方案进行电路设计。

变频器在实际生产中的应用有优点也有缺点，要充分发挥变频器的优点，同时要正确处理好变频器的缺点。

一、变频器使用中的优缺点

优点：变频器主要用于交流电动机转速的调节，是理想的调速方案，变频调速具有调速范围广、调速精度高、动态响应好。变频器"软起动"，避免了设备过大的机械冲击，大大延长了设备的使用寿命，减少了停产时间，提高了生产效率。

缺点：由于变频器采用的电路结构是"整流器—电容电感器—逆变器"，无论是整流器或是逆变器都具有非线性特性，所以它会产生高次谐波。这种高次谐波会使输入电源的电压波形和电流波形发生畸变。如果不采取有效抑制措施，它对各种电气设备，自动化装置、计算机、计量仪器以及通信系统均有不同程度的影响。对于供电线路来说，由于高次谐波的作用，恶化了电网质量指标，降低了电网的可靠性，增加了电网损失，缩短了电气设备的寿命。

二、游梁式抽油机的工作原理

如图 5-7 所示，游梁式抽油机实物图所示，当抽油机工作时，驴头悬点上的作用载荷是变化的。上冲程时，驴头悬点需提起抽油杆柱和液柱，在抽油机未进行平衡的条件下，电动机就要付出很大的能量。在下冲程时，抽油机杆柱转而对电动机做功，使电动机处于发电机的运行状态。抽油机未进行平衡时，上冲程、下冲程的载荷极度不均匀，这样将严重地影响抽油机的四连杆机构、减速箱、电动机的效率和寿命，恶化抽油杆的工作条件，增加它的断裂次数。为了消除这些缺点，一般在抽油机的游梁尾部或曲柄上或两处都加上了平衡块,这样一来,在悬点下冲程时,要把平衡重从低处抬到高处,增加平衡块的位能。为了抬高平衡配重,除了依靠抽油杆柱下落所释放的位能外,还要电动机付出部分能量。在上冲程时,平衡块由高处下落,把下冲程时储存的位能释放出来,帮助电动机提升抽油杆和液柱,减少了电动机在上冲程时所需给出的能量。目前使用较多的游梁式抽油机,都采用了加平衡配重的工作方式,因此在抽油机的一个工作循环中,电动机工作在运行和发电两种状态。当平衡配重调节较好时,其发电机运行状态的时间和产生的能量都较少。

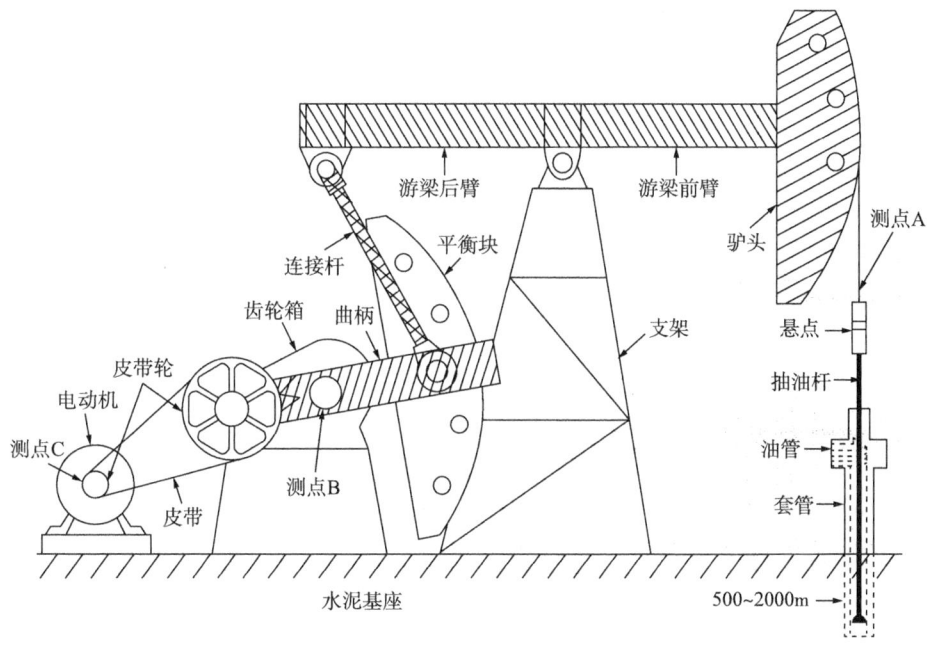

图 5-7 游梁式抽油机实物图

三、用变频器解决游梁式抽油机再生发电问题

游梁式抽油机平衡配重不可能和游梁式抽油机载荷作完全一致,电动机存在再生发电现象,引起变频器主回路直流母线电压升高,必须妥善地处理电动机再生发电状态产生的电能,解决再生发电的方法如下:

（一）变频器加制动单元控制

在变频器主回路直流母线两端加制动单元和制动电阻，通过制动单元将再生发电电能释放到制动电阻上，以热量的形式消耗。采用变频器加制动单元控制要考虑制动电阻的发热问题，所以必须解决变频控制柜壳的散热问题，主要解决方法是在变频控制柜加装轴流风机强制循环散热，并且制动电阻要安装在独立的柜子中。

（二）变频器加回馈单元控制

采用能量回馈装置，将再生能量回馈电网。但是采用能量回馈装置要做到充分的设计，需要加装匹配的滤波设备，解决高次谐波对其他电子、电气设备及电网的影响。如图5-8所示为变频器回馈单元接线图。

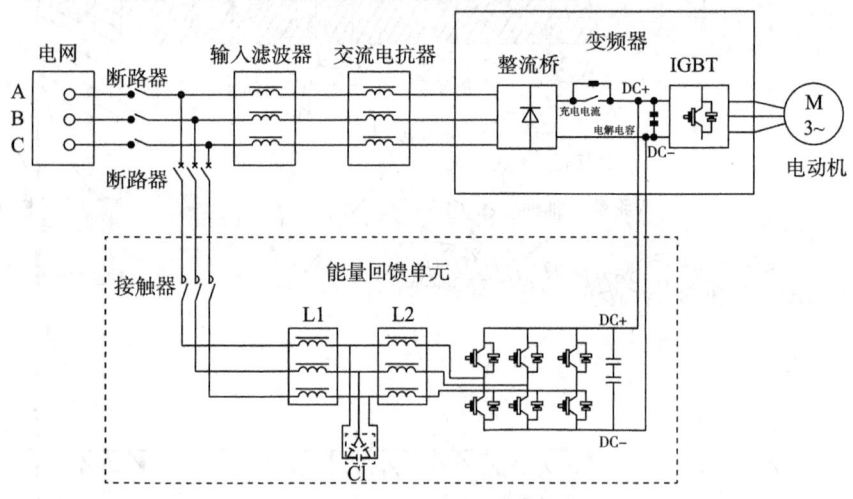

图5-8 变频器回馈单元接线图

四、变频器控制梁式抽油机电路

为了保证抽油机可连续生产，在采用变频器拖动时，一般采用接触器控制的工频/变频切换电路。由于抽油机运行在井场属于无人值守设备。为保证安全，当变频器故障时只能用故障停机报警模式，不可以使用变频器故障停机自动转工频的运行模式。如图5-9所示为某一厂家抽油机变频柜的电气原理图。

第五章 变频器控制基础应用

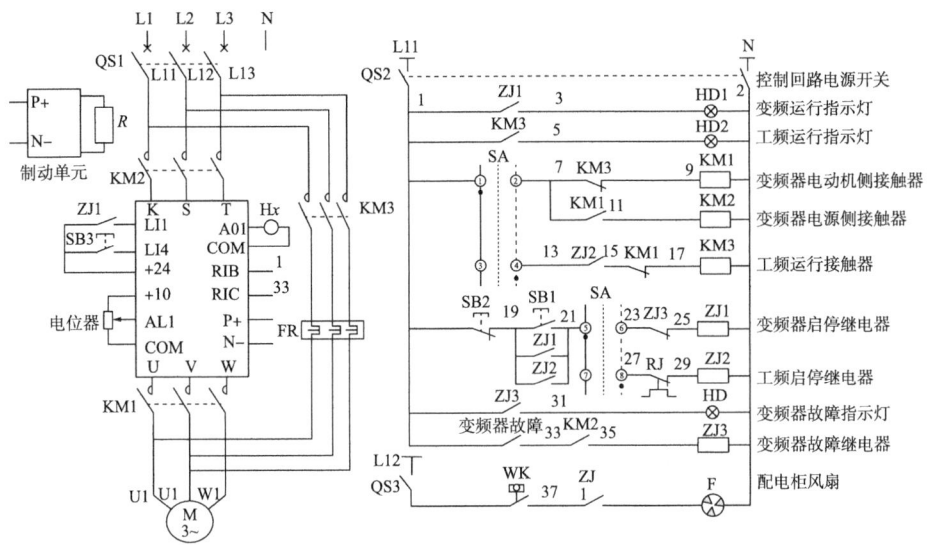

图 5-9 抽油机变频/工频配电柜原理图

在变频器的直流母线 P+，N- 接入了制动单元、制动电阻 R，解决抽油机运转时的再生发电问题，保证直流母线不会过电压报警停机。为防止操作人员误改变频器参数，同时也为非电气人员操作方便，变频器采用外部端子启停变频器，外接电位器给定频率。变频器输出端子外接频率表。复位按钮、电位器、频率表与其他需操作启停的按钮开关、显示仪表等集中安装在一个安全方便的位置供操作人员操作。

在配电柜上安装有轴流风机，由温度开关 WK 控制当柜内温度超过 45°自动运行，保证配电柜通风散热，解决变频器过热问题。

本电路变频器故障输出端子只接在故障报警回路，由于变频器本事具有保护功能，如果用故障输出端子去控制变频器供电电源或者电动机回路，KM1，KM2 接触器，如图 5-9 所示。故障时变频器突然断电或者是变频器突然甩掉负载，对变频器或者负载带来的危害是相当大的，甚至会扩大故障范围。

第六章
变频器数字化应用

第一节 变频器 PID 功能及其应用

一、PID 功能简介

PID 是一种控制算法，这个算法一般是在单回路闭环回路中应用的，它包括比例、积分、微分这三方面。当不完全了解一个系统和被控对象，或不能通过有效的测量手段来获得系统参数时，最适合用 PID 控制技术。PID 控制，实际中也有 PI 和 PD 控制。PID 控制器就是根据系统的误差，利用比例、积分、微分计算出控制量进行控制的。

PID 功能的适用范围：PID 调节控制是一个传统控制方法，它适用于温度、压力、流量、液位等几乎所有现场，不同的现场，仅仅是 PID 参数应设置不同，只要参数设置得当均可以达到很好的效果。均可以达到 1%，甚至更高的控制要求。

二、PID 功能各校正环节

P——比例控制系统的响应快速性，快速作用于输出；
I——积分控制系统的准确性，消除过去的累积误差；
D——微分控制系统的稳定性，具有超前控制作用。

在调整的时候，PID 功能调节的任务就是在系统结构允许的情况下，在这三个参数之间权衡调整，达到最佳控制效果，实现稳快准的控制特点。

（一）比例环节 P

成比例地反映控制系统的偏差信号，偏差一旦产生，控制器立即产生控制作用，以减小偏差。当仅有比例控制时系统输出存在稳态误差。

P 参数越小比例作用越强，动态响应越快，消除误差的能力越强。但实际系统是有惯性的，控制输出变化后，实际值变化还需等待一段时间才会缓慢变化。由于实际系统是有惯性的，比例作用不宜太强，比例作用太强会引起系统振荡不稳定。P 参数的大小应在以上定量计算的基础上根据系统响应情况，现场调试决定，通常将 P 参数由大向小调，以能达到最快响应又无超调（或无大的超调）为最佳参数。

（二）积分环节 I

控制器的输出与输入误差信号的积分成正比关系。主要用于消除静差，提高系统的无差度。积分作用的强弱取决于积分时间常数 T，T 越大，积分作用越弱，反之则越强。

比例作用的输出与误差的大小成正比，误差越大，输出越大；误差越小，输出越小；误差为零，输出为零。由于没有误差时输出为零，因此比例调节不可能完全消除误差，不可能使被控的 PV 值达到给定值。必须存在一个稳定的误差，以维持一个稳定的输出，才能使系统的 PV 值保持稳定。这就是通常所说的比例作用是有差调节，是有静差的，加强比例作用只能减少静差，不能消除静差（静差：即静态误差，也称稳态误差）。

为了消除静差必须引入积分作用，积分作用可以消除静差，以使被控的值最后与给定值一致。

积分作用消除静差的原理是，只要有误差存在，就对误差进行积分，使输出继续增大或减小，一直到误差为零，积分停止，输出不再变化，系统的 PV 值保持稳定，达到无差调节的效果。

（三）微分环节 D

反映偏差信号的变化趋势，并能在偏差信号变得太大之前，在系统中引入一个有效的早期修正信号，从而加快系统的动作速度，减少调节时间。在微分控制中，控制器的输出与输入误差信号的微分（即误差的变化率）成正比关系。

前面已经分析过，不论比例调节作用，还是积分调节作用都是建立在产生误差后才进行调节以消除误差，都是事后调节，因此这种调节对稳态来说是无差的，对动态来说肯定是有差的，因为对于负载变化或给定值变化所产生的扰动，必须等待产生误差以后，然后再来慢慢调节予以消除。

但一般的控制系统，不仅对稳定控制有要求，而且对动态指标也有要求，通常都要求负载变化或给定调整等引起扰动后，恢复到稳态的速度要快，因此光有比例和积分调节作用还不能完全满足要求，必须引入微分作用。比例作用和积分作用是事后调节（即发生误差后才进行调节），而微分作用则是事前预防控制，即一发现实际值有变大或变小的趋势，马上就输出一个阻止其变化的控制信号，以防止出现过冲或超调等。

D 越大，微分作用越强，D 越小，微分作用越弱。系统调试时通常把 D 从小往大调，具体参数由试验决定。

三、PID 功能的参数整定

（一）PID 功能调试原则

（1）在输出不振荡时，增大比例增益 P。

（2）在输出不振荡时，减小积分时间常数 T_i。
（3）在输出不振荡时，增大微分时间常数 T_d。

（二）PID 调试步骤

1. 确定比例增益 P

确定比例增益 P 时，首先去掉 PID 的积分项和微分项，一般是令 $T_i=0$、$T_d=0$，使 PID 为纯比例调节。输入设定为系统允许的最大值的 60%～70%，由 0 逐渐加大比例增益 P，直至系统出现振荡；再反过来，从此时的比例增益 P 逐渐减小，直至系统振荡消失，记录此时的比例增益 P，设定 PID 的比例增益 P 为当前值的 60%～70%。比例增益 P 调试完成。

2. 确定积分时间常数 T_i

比例增益 P 确定后，设定一个较大的积分时间常数 T_i 的初值，然后逐渐减小 T_i，直至系统出现振荡，之后再反过来，逐渐加大 T_i，直至系统振荡消失。记录此时的 T_i，设定 PID 的积分时间常数 T_i 为当前值的 150%～180%。积分时间常数 T_i 调试完成。

3. 确定积分时间常数 T_d

积分时间常数 T_d 一般不用设定，为 0 即可。若要设定，与确定 P 和 T_i 的方法相同，取不振荡时的 30%。

4. PID 微调

系统空载、带载联调，再对 PID 参数进行微调，直至满足要求。

四、变频器 PID 功能的应用

变频器在拖动电动机对一些过程变量如温度、压力等进行调节时，对设定量和反馈量的差值进行 P（比例）I（积分）D（微分）运算，产生结果控制电动机的转速，使被控变量设定量和反馈量的静态误差为零。改变 PID 参数会影响到被控量的动态调节过程。

对大多数变频器而言，常将给定信号称为目标信号或目标值，用字母 X_T 来表示，实际其等同于常规控制系统的给定值。其将被控参数称为反馈信号或当前值，用字母 X_F 来表示，实际上其等同于常规控制系统的测量值。在变频器的手册中将该信号的接入端子称为反馈输入端。这样变频器内置 PID 控制的输入信号是目标值 X_T 与当前值 X_F 的偏差 X_G，即 $X_G=K_p×（X_T-X_F）$，式

中 X_G 为频率给定信号；K_p 为比例增益。这跟常规控制系统的比例放大是一样的，即将（X_T-X_F）放大 K_p 倍作为频率给定信号。显然，当放大器的比例增益 K_p 足够大时，反馈的动态特性决定了变频器内置 PID 控制装置的控制规律。较大的比例增益 K_p 可提高控制装置对小偏差的灵敏度（$e=X_T-X_F$），从而可提高频率控制的精度，即（X_T-X_F）的差值越小，X_F 越接近 X_T，但比例控制存在静态偏差，也是比例作用效果的根本特点，所以比例控制也叫有差控制。只是比例增益越大余差越小而已，不可能为零，但如果比例增益太大，系统过于灵敏，则会使变频器的输出频率大幅波动而产生振荡，这是不希望的。为了克服余差和避免系统振荡，所以就要使用积分控制。

积分控制 I 的目的是消除余差，它通过对偏差的积分来校正变频器的输出频率，也就是过去的偏差进行累积来实现最终的零偏差；只要偏差不消除积分就不停止，从而有效消除了余差。积分增益的大小决定了多长时间对偏差积分一次，积分增益的倒数就称为积分时间 S。

微分控制 D，其作用与传统控制系统是一样的，主要是解决滞后问题。即是根据偏差变化率的大小，提前给出一个相应的控制动作，以缩短控制动作时间，能较快调整变频器的输出频率。微分增益的大小决定了多长时间对偏差微分一次，大多数变频器用的是微分时间，也有用微分增益的。由于微分控制属于敏感控制，有可能会对有用信号外的噪声响应，因此流量、压力控制都不使用微分控制。

变频器产品型号繁多，对于内置 PID 控制的术语称谓不统一，由于变频器对 PID 参数的称谓与常规控制系统有所不同，这样就会造成使用者在理解和设定参数时无所适从，在理解变频器 PID 参数时可能会产生误解。因此，现将变频器说明书中对 PID 控制参数的称谓列举如下，供参考和比较。

比例（P）功能，又称为：PID 输出增益、PID 增益、比例常数（0～1000%）、比例增益（0.0～100）、比例 P 增益（0～999.9%）、比例值增益（0～5.0）等。

积分（I）功能，又称为：PID 积分时间、积分时间常数（1.0～100.0s）、积分作用范围、积分时间常数、积分时间（0.1～3600.0s）、PID 积分增益等。

微分（D）功能，又称为：PID 微分时间、PID 控制器微分时间、微分时间、微分时间常数、微分增益（0.0～5.0）等。

上述括号中的数字是部分变频器的数值设定范围例子，从中可见各型变频器的 PID 参数称谓是很不统一的，所以在设定 PID 参数前应阅读所使用变频器的说明书，按其说明进行设定。但只要掌握了 PID 各参数的作用，在实际的参数整定中，不管其如何标注还是有规律可循的，知道了各参数增大、减小的作用及方向,也就可进行参数整定工作了。

如图 6-1 所示,台达 VFD-M 系列变频器内置 PID 控制框图,通过框图可以看出除了基本 PID 功能,系统加入了一次延迟时间可减缓系统的震荡。并且有 PID 频率输出上限等保护功能参数,具体参数设置请查阅手册。

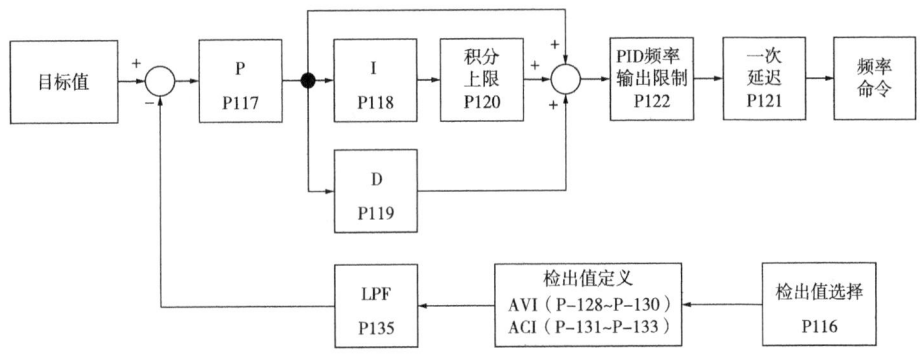

图 6-1 变频器内置 PID 控制电路原理方图

变频器的 PID 设置重点要考虑设定值、反馈值、P 参数、I 参数、D 参数、睡眠时间、睡眠频率、苏醒频率,这些参数调整合适,才能保证变频器 PID 运行稳定。如图 6-2 所示,VFD-M 变频器 PID 的休眠图,以压力控制为例,当压力升高时,测量值对应的频率会下降(即电动机转速降低),当测量值对应的频率降到休眠频率,电动机会以休眠频率继续运行,当到达设置的休眠时间后电动机减速停止运行;当压力下降时测量值对应的频率会上升,但是电动机并不会立即运转,当测量值对应的频率上升睡眠频率时电动机才会加速运行。

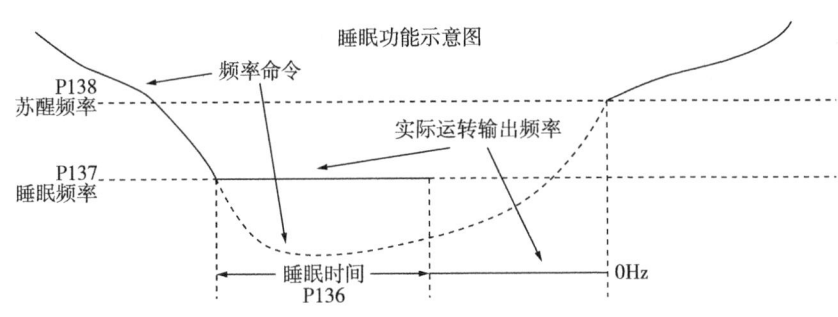

图 6-2 VFD-M 变频器 PID 的休眠图

第二节　变频器与 PID 智能仪表

PID 智能仪表与变频器配合使用时，就是要形成一个闭环单回路系统，闭环单回路总共有三个接口量，一个是给定值（一般就是 PID 智能仪表的 SV 设定值，比如用在恒压供水上那就是设定多少千克压力），另外一个是反馈值，就是系统的传感器检测回来的量，比如供水系统中的实际水压，通过压力传感器反馈回来，这个量有 4～20mA，也有 0～10V DC 等标准信号，直接可以接入 PID 智能仪表中，也叫 PV 值。最后一个量就是偏差值 E，一般 $E=SV-PV$，偏差值 E 被 PID 仪表经过 PID 运算后输出给变频器，一般也是 4～20mA 或者 0～10V DC 之类的标准信号，拿来连接到变频器的速度给定端口就可以。

一般情况下，智能仪表是输出一个 4～20mA 的 PID 控制电流到变频器，通过电流的大小改变变频器的转速，从而使被控设备达到工艺要求。设置时要考虑两个问题，例如压力控制，如果希望对入口压力进行控制在变频器的频率给定要设置为正向，即 4mA 对应最低频率，20mA 对应最高频率；入口压力高时，要提高转速，如果希望对出口压力进行控制在变频器的频率给定要设置为反向，即 4mA 对应最高频率，20mA 对应最低频率；出口压力高的时候需要降速。

最后，变频器要设成外部信号给定速度控制模式，先设置变频器对电动机的基本参数，让变频器处于启动状态，然后启动 PID 智能仪表，智能仪表出厂时 PID 功能已经预置，基本不用调节。

但是这是一个闭环控制系统，某一环节出现故障会导致系统失控，而 PID 的参数能否设置合理，反应在系统能否及时、稳定的达到设定目标。所以要根据现场实际情况优化 PID 参数就可以实现要求。

第三节 变频器与 PLC

PLC 是一种专门为在工业环境下应用而设计的数字运算操作的电子装置。它采用可以编制程序的存储器,用来在其内部存储执行逻辑运算、顺序运算、计时、计数和算术运算等操作的指令,并能通过数字式或模拟式的输入和输出,控制各种类型的机械或生产过程。PLC 及其有关的外围设备都应该按易于与工业控制系统形成一个整体,易于扩展其功能的原则而设计。

现代的电气运维人员应该具备 PLC 知识。在现代的工控中变频器并不是独立运行,变频器只是工控的一部分。在工控领域变频器会与 LPC、触摸屏、组态软件协同工作。本教材重点是变频器技术应用,PLC 技术应用不是本教材的重点只做简单的了解,目的是配合变频器应用完成实操项目。关于 PLC 的技术应用请大家学习 PLC 相关课程。

PLC 品牌有很多,学习不用太过多注重品牌,重要的是把编程的逻辑思维和做项目的框架练出来。目前主流 PLC 两大系列西门子 S7-200,三菱 FX 系列。三菱很容易上手,因为直来直去思路简单。但从学习的角度讲,西门子的 PLC 更好些。本教材实操课题应用西门子 S7-200 smart PLC。

一、PLC 的基本构成

从结构上分,PLC 分为固定式和组合式(模块式)两种。固定式 PLC 包括 CPU 板、I/O 板、显示面板、内存块、电源等,这些元素组合成一个不可拆卸的整体。模块式 PLC 包括 CPU 模块、I/O 模块、内存、电源模块、底板或机架,这些模块可以按照一定规则组合配置。

PLC 实质是一种专用于工业控制的计算机,其硬件结构基本上与微型计算机相同,基本构成为电源、中央处理单元(CPU)、存储器、输入输出接口电路(I/O 模块)、硬件接口与通信协议。PLC 的基本结构,如图 6-3 所示。

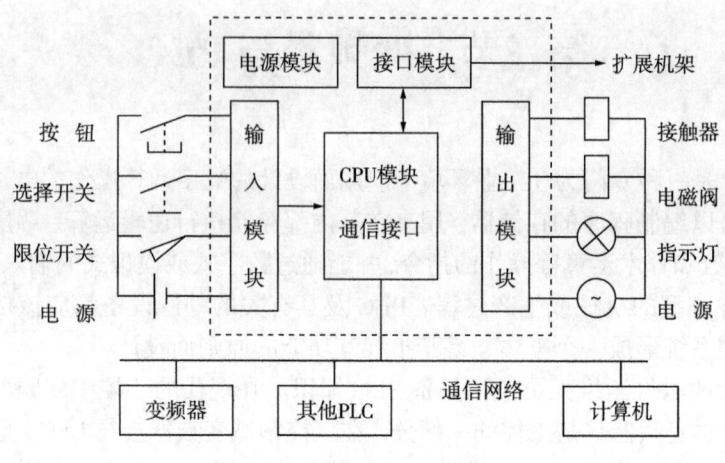

图 6-3　PLC 基本结构图

（一）电源

PLC 的电源用于为 PLC 各模块的集成电路提供工作电源，在整个系统中起着十分重要的作用。电源输入类型有：交流电源（220V AC 或 110V AC），直流电源（常用的为 24V DC）。

（二）中央处理单元

中央处理单元（CPU）是 PLC 的控制中枢，是 PLC 的核心起神经中枢的作用，每套 PLC 至少有一个 CPU。它按照 PLC 系统程序赋予的功能接收并存储从编程器键入的用户程序和数据；检查电源、存储器、I/O 以及警戒定时器的状态，并能诊断用户程序中的语法错误。当 PLC 投入运行时，首先它以扫描的方式接收现场各输入装置的状态和数据，并分别存入 I/O 映像区，然后从用户程序存储器中逐条读取用户程序，经过命令解释后按指令的规定执行逻辑或算术运算的结果送入 I/O 映像区或数据寄存器内。等所有的用户程序执行完毕之后，最后将 I/O 映像区的各输出状态或输出寄存器内的数据传送到相应的输出装置，如此循环运行，直到停止运行。

为了进一步提高 PLC 的可靠性，近年来对大型 PLC 还采用双 CPU 构成冗余系统，或采用三 CPU 的表决式系统。这样，即使某个 CPU 出现故障，整个系统仍能正常运行。

CPU 速度和内存容量是 PLC 的重要参数，它们决定着 PLC 的工作速度，I/O 数量及软件容量等，因此限制着控制规模。

(三)存储器

存放系统软件的存储器称为系统程序存储器；存放应用软件的存储器称为用户程序存储器。

(四)输入输出接口电路(I/O 模块)

PLC 与电气回路的接口，是通过输入输出部分(I/O)完成的。I/O 模块集成了 PLC 的 I/O 电路，其输入暂存器反映输入信号状态，输出点反映输出锁存器状态。输入模块将电信号变换成数字信号进入 PLC 系统，输出模块相反。I/O 分为开关量输入(DI)、开关量输出(DO)、模拟量输入(AI)、模拟量输出(AO)等模块。

开关量：按电压分，有 220V AC、110V AC、24V DC；按隔离方式分，有继电器隔离和晶体管隔离。

模拟量：按信号类型分，有电流型(4～20mA，0～20mA)、电压型(0～10V，0～5V，-10～10V)等；按精度分，有 12bit，14bit，16bit 等。除了上述通用 I/O 外，还有特殊 I/O 模块，如热电阻、热电偶、脉冲等模块。

(五)硬件接口及通信协议

PLC 是工业自动化的一个单元，它既可以独立工作，也可以与其他工控设备组网协同工作。

PLC 物理接口包括 RS-232，RS-422，RS-485 以及以太网接口。通信协议包括 ProfiBus 通信协议，Modbus 通信协议。Modbus 协议又分 Modbus RTU，Modbus ASCII 和后来发展的 Modbus TCP 三种模式。通信协议还包括 USS，PPI，MPI 等西门子专有的通信协议。

二、PLC 编程设备

(一)手持编程器

编程器是 PLC 开发应用、监测运行、检查维护不可缺少的器件，用于编程、对系统做一些设定、监控 PLC 及 PLC 所控制的系统的工作状况，但它不直接参与现场控制运行。PLC 一般有手持型编程器，目前一般由计算机(运行编程软件)充当编程器。

(二)人机界面

最简单的人机界面是指示灯和按钮，液晶屏(或触摸屏)式的一体式操作员终端应用越来越广泛，由计算机(运行组态软件)充当人机界面非常普及。

三、可编程控制器编程语言

可编程控制器 PLC 中有多种程序设计语言,它们是:梯形图语言、布尔助记符语言、功能表图语言、功能模块图语言及结构化语句描述语言等。PLC 最常用的编程语言是梯形图和指令语句表,且两者常常联合使用。

(一)梯形图

梯形图是一种从继电接触控制电路图演变而来的图形语言。它是借助类似于继电器的动合、动断触点、线圈以及串联、并联等术语和符号,根据控制要求连接而成的表示 PLC 输入和输出之间逻辑关系的图形,直观易懂。梯形图中常用 "—| |—" "—|/|—" 图形符号分别表示 PLC 编程元件的动合和动断触点,用 "( )" 表示它们的线圈。

表 6-1 为西门子 PLC 与三菱 PLC 基本梯形图软元件,通过对比可以看出西门子 PLC 与三菱 PLC 只有标识不同,其作用是相同的。

表 6-1 西门子 PLC 与三菱 PLC 基本梯形图软元件

软元件名称	三菱 PLC 标识符	西门子 PLC 标识符
输入继电器	X,如 X10、X11	I,如 I1.0、I1.1
输出继电器	Y,如 Y20、Y21	Q,如 Q2.0、Q2.1
辅助继电器	M,如 M100、M101	存储器 M
定时器(T)	T0、T1	T0、T1
计数器(C)	C0、C1	C0、C1
数据寄存器	数据寄存器 D	数据块 DB
		本地数据 L

西门子的 PLC 的输入继电器 I、输出继电器 Q、存储器 M、数据块 DB、本地数据 L 等数据长度由下列辅助标识符确定:位(二进制位 bit)、B(字节 8 位)、W(字 16 位)、D(双字 32 位)。例如:I0.1 代表输入继电器地址的第一位;DBW200 数据块地址 200 开始的一个字。

(二)指令语句表

指令语句表是一种用指令助记符来编制 PLC 程序的语言,它类似于计算机的汇编语言,但比汇编语言易懂易学,若干条指令组成的程序就是指令语句表。一条指令语句是由步序、指令语和作用器件编号三部分组成。表 6-2 为 PLC 基本指令。

第六章 变频器数字化应用

表 6-2 三菱 PLC 与西门子 PLC 基本指令对照

功能名称	三菱 PLC 指令助记符	西门子 PLC 指令助记符	说明
取指令	LD	LD	与输入母线相连的常开接点指令
取反指令	LDI	LDI	与输入母线相连的常闭接点指令
与指令	AND	AND	用于单个常开接点的串联
与非指令	ANI	ANI	用于单个常闭接点的串联
或指令	OR	OR	用于单个常开接点的并联
或非指令	ORI	ORI	用于单个常闭接点的并联
空操作指令	NOT	INV	不影响程序的执行
输出	OUT	OUT	输出映像寄存器中的指定参数位被接通
置位指令	SET	SET	从 bit 或 OUT 指定的地址参数开始的 N 个点都被置位
复位指令	RST	RST	从 bit 或 OUT 指定的地址参数开始的 N 个点都被复位

如图 6-4 所示，PLC 实现三相鼠笼电动机启/停控制的继电器控制原理图与两种编程语言的表示方法。

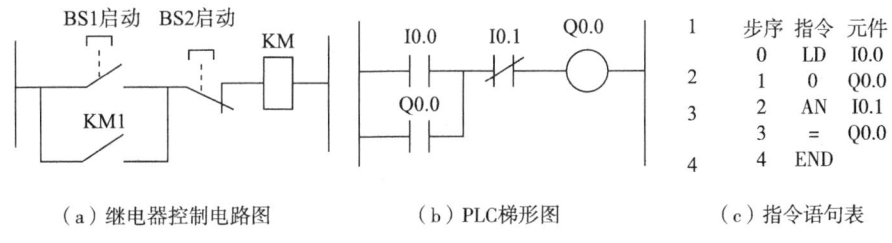

（a）继电器控制电路图　　（b）PLC 梯形图　　（c）指令语句表

图 6-4　PLC 三相鼠笼电动机启/停控制

维修电工对继电器控制相当了解，这是维修电工的优势和特点。学习 PLC 编程语言就从继电器控制电气原理图转化成 PLC 梯形图学起。

四、从继电控制电气原理图到梯形图

梯形图是 PLC 编程语言的一种，其源自继电控制系统电气原理图的形式，也可以说，梯形图是在电气控制原理图上对常用的继电器、接触器等逻辑控制基础上演变而来的。如图 6-5 所示，为电动机启停的继电器控制电路图；如图 6-6 所示，为 PLC 控制的梯形图。

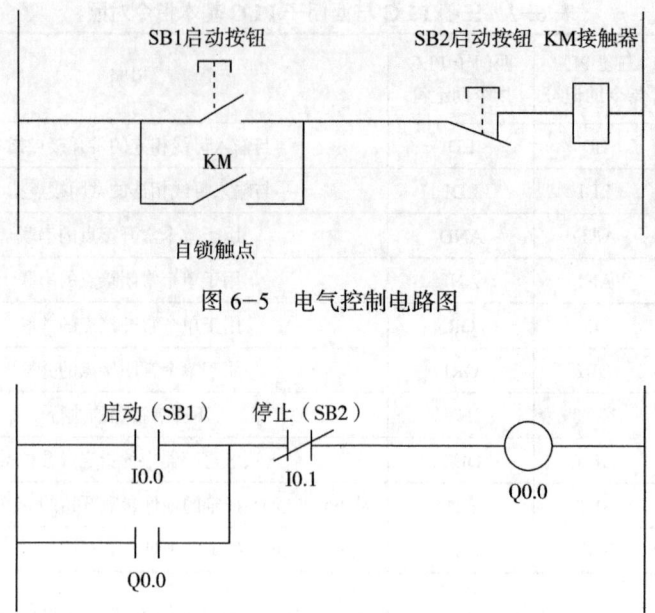

图 6-5 电气控制电路图

图 6-6 PLC 控制的梯形图

从图 6-6 中可以看出，它们有着相似之处，电路结构形式相似，功能相同。梯形图是根据控制要求连接而成的表示 PLC 的输出（图中 Q0.0）和输入（图中 I0.0，I0.2，）直接逻辑关系的图形，信号流向清楚，直观易懂，不需要计算机专业知识，对于熟悉继电器控制系统电气原理图的人来说容易接受。

梯形图和继电控制电路图有着相对应的关系，所以易被维修电工所学习，理解和使用。但梯形图与继电控制电路图相对应，绝不是一一对应的关系。由于 PLC 在结构上，工作原理上都和继电控制系统截然不同，因而两者之间必定存在着许多差异。初学者可以通过继电控制电路图切入梯形图，一旦入门，就要完全离开继电控制电路图的思维方式。

继电器电气控制图和梯形图，之间的差异如下：

在继电器控制图中，所有符号均表示器件实体。按钮、开关、接触器、电磁阀等符号表示也会有所区别，而在梯形图中，不存在器件实体，其符号表示的是 PLC 内部编程元件的"软继电器"，表示的也简化，所有"软继电器"的触点，均统一为常开，常闭的两种。

在继电控制图中，可以根据电流的流向来判断负载元件是否得电或失电。在梯形图中，不存在所谓的电流，但可以仿造电流的方法，假设有一个"能流"

（又称信号流）从左到右自上而下的流动，流到输出继电器 Q（辅助继电器 M，时间继电器 T，计数器 C 等）则导通。

在继电控制图中，线圈得电和触点动作是同时进行的（并行），而在梯形图中，其工作是逐行扫描进行的（串行），因而其触点并不和线圈同时工作，在通常情况下，差别并不大而在响应要求较高时，则会明显的不同。

在继电器控制图中，继电器的触点是有限的。而在梯形图中，软继电器的触点使用是无限的。在梯形图中线圈只能出现一次，不允许重复使用，与继电控制一样。如图 6-7 所示，为正反转控制电路图；如图 6-8 所示，为正反转控制电路图改画成梯形。这是完全照继电器控制电路画成的梯形图，原则上，这也是一个可用的 PLC 的梯形图。但是这种画法不符合梯形图编制原则，需要进行适当修改。整理后的梯形图，如图 6-9 所示。

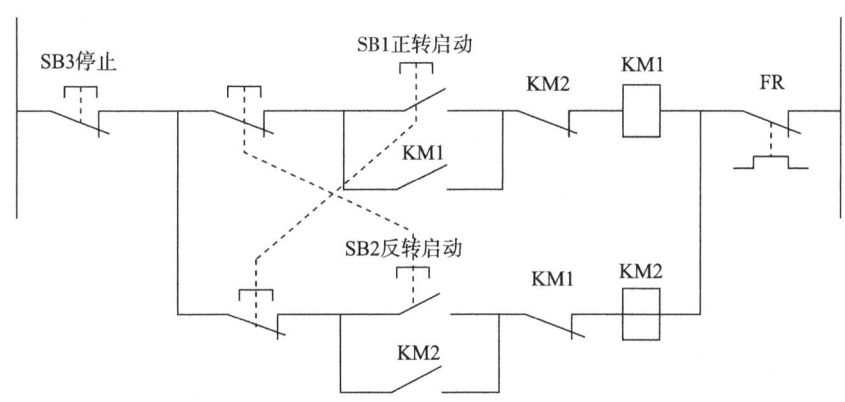

图 6-7 正反转控制电路图

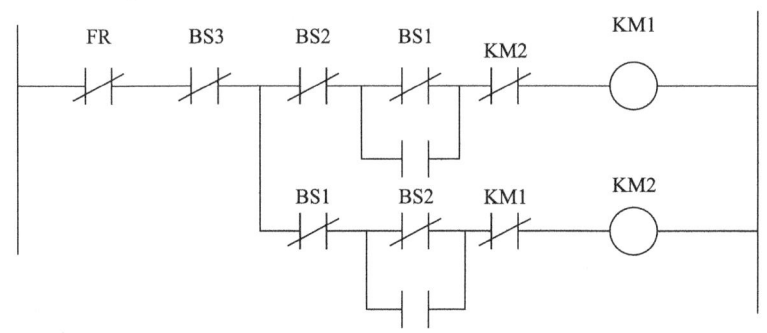

图 6-8 PLC 控制正反转梯形图

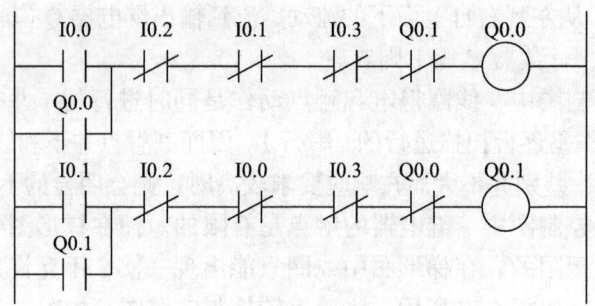

图 6-9　PLC 控制正反转梯形图

把修改后的梯形图和上面的梯形图比较一下，就会发现不同点：图中的符号变了。用 I0.0 表示 SB1，用 Q0.0 表示 KM1 等。这样，就引出了梯形图的 PLC 控制 I/O 口地址分配问题，也就是说，当应用 PLC 代替继电控制时，所有的输入器件必须接到输入口 I 上，所有被驱动的负载必须接到输出口 Q 上，因此，必须对这些输入和输出进行地址分配。在设计梯形图程序前，要先对 PLC 的 I/O 口地址进行分配，见表 6-3。同时为保证接线正确，要绘制与其相应的 PLC 外部电器元件接线图，如图 6-10 所示。

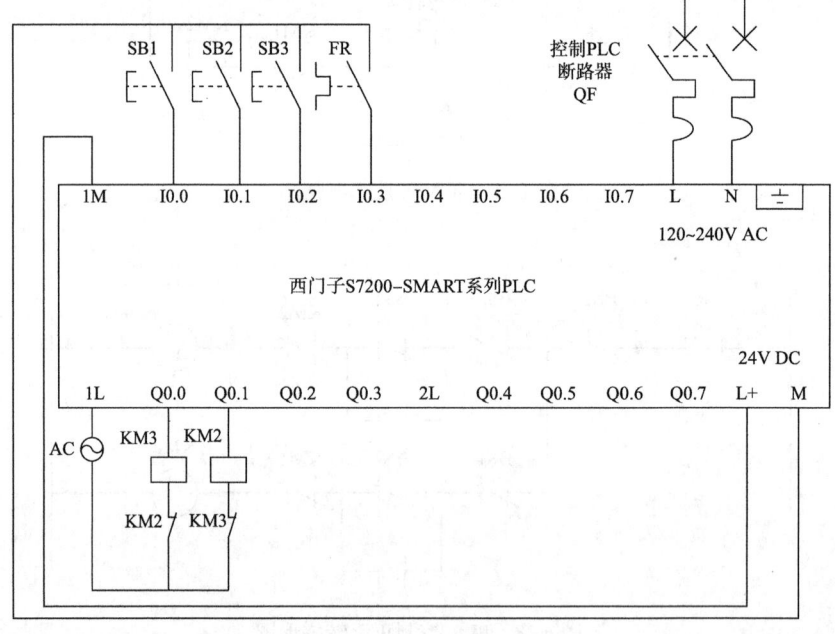

图 6-10　PLC 接线图

表 6-3　正反转控制电路 PLC 的 I/O 口地址分配表

输入			输出		
输入点	输入元件	作用	输出点	输出元件	作用
I0.0	SB1	正转启动	Q0.0	KM1	正转接触器
I0.1	SB2	反转启动	Q0.1	KM2	反转接触器
I0.2	SB3	停止			
I0.3	FR	热继电器			

从这个例子中，可以体会到从继电器控制到 PLC 控制的异同。把 SB3（I0.2）停止按钮和 FR（I0.3）热继电器常闭触点分别画入了 KM1（Q0.0）正转和 KM2（Q0.1）反转回路中，在继电器控制回路中，这样做会增加器件或改换器件，使控制线路变复杂，甚至无法实现控制功能。但在 PLC 的梯形图中却很容易做到，只要改变图形的结构就行，这就是梯形图中触点可以无限取用的优点。特别是辅助继电器 M，可以代替大量的中间继电器硬件，应用非常方便。

在梯形图中，输出 Q 与输入 I 之间的逻辑关系非常清晰。这也是继电控制电路图难于做到的。

五、梯形图的编程规则

尽管梯形图与继电器电路图在结构形式、元件符号及逻辑控制功能等方面相类似，但它们又有许多不同之处，梯形图具有自己的编程规则：每一逻辑行总是起于左母线，然后是触点的连接，最后终止于线圈或右母线（右母线可以不画出）。注意：左母线与线圈之间一定要有触点，而线圈与右母线之间则不能有任何触点；梯形图中的触点可以任意串联或并联，但线圈只能并联而不能串联；PLC 的"软触点"的使用次数不受限制；一般情况下，在梯形图中同一线圈只能出现一次。如果在程序中，同一线圈使用了两次或多次，称为"双线圈输出"。对于"双线圈输出"，有些 PLC 将其视为语法错误，绝对不允许；有些 PLC 则将前面的输出视为无效，只有最后一次输出有效；有几个串联电路相并联时，应将串联触点多的回路放在上方，如图 6-11 所示。在有几个并联电路相串联时，应将并联触点多的回路放在左方，如图 6-12 所示。这样所编制的程序简洁明了。合理的梯形图可以减少语句表的条数。

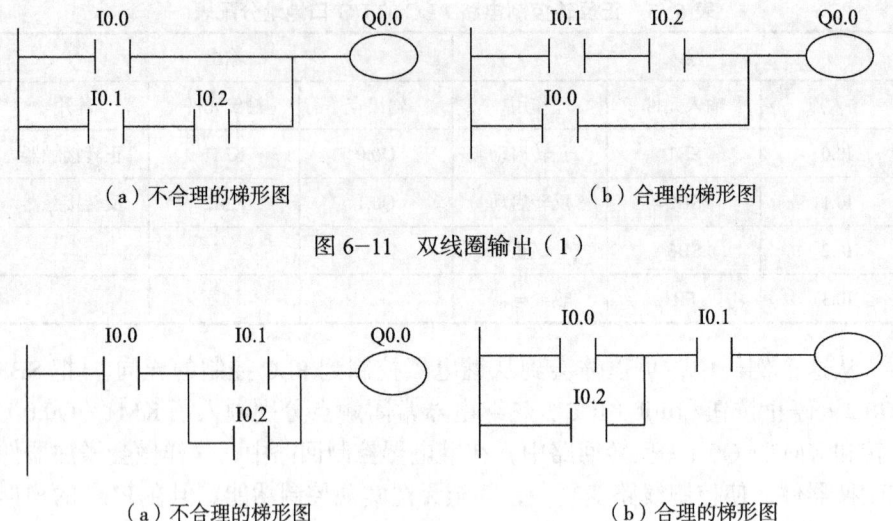

(a)不合理的梯形图　　　　　　　　(b)合理的梯形图

图 6-11　双线圈输出（1）

(a)不合理的梯形图　　　　　　　　(b)合理的梯形图

图 6-12　双线圈输出（2）

六、上机练习 PLC 梯形图编写

电脑安装西门子 S7-200smart 编程软件 STEP7-Micro/WIN SMART，利用所学的基本指令上机练习 PLC 梯形图编写，上机编写梯形图前要填写 I/O 分配表，绘制 PLC 外部接线图。通过对继电器控制的启保停、正反转、星三角降压启动电路进行 PLC 控制改造，并完成 PLC 接线感受 PLC 控制过程。

在设计梯形图时输入继电器的触点状态最好按输入设备全部为常开进行设计更为合适，这样设计时不易出错。建议尽可能用输入设备的常开触点与 PLC 输入端连接，如果某些信号只能用常闭输入。可先按输入设备为常开来设计，然后将梯形图中对应的输入继电器触点取反（常开改成常闭、常闭改成常开），只是设计时这样考虑，当设计好的梯形图投入生产时一定要按照实际情况修改。思考停止按钮，急停按钮在投产后的处理。用常开还是常闭要具体对待不能一概而论。

第四节 变频器通信知识

一、通信协议基础知识

(一)通信协议的含义

在所有网络软件中,除了网络操作系统外,最重要的就是各种网络协议。网络能有序安全运行的一个很重要原因,就是它遵循一定的规范。通信协议是网络中信息在网络的计算机之间、网络设备之间及其相互之间"通行"的语言规则。

在不同类型的网络中,应用的网络通信协议也是不一样的。虽然这些协议各不相同,各有优缺点,但是所有协议的基本功能或者目的都是一样的,即保证网络上信息能畅通无阻、准确无误地被传输到目的地。

通信协议也规定信息交流的方式,信息在哪条通道间交流,什么时间交流,交流什么信息,信息怎样交流,这就是网络中通信协议的几个基本内容。

(二)常见通信协议

1. TCP/IP 协议

TCP/IP(传输控制协议/Internet 协议)是网络中使用的基本的通信协议。虽然从名字上看 TCP/IP 包括两个协议,传输控制协议(TCP)和网际协议(IP),但 TCP/IP 实际上是一组协议,它包括上百个各种功能的协议,如:远程登录、文件传输和电子邮件等,而 TCP 协议和 IP 协议是保证数据完整传输的两个基本的重要协议。通常说 TCP/IP 是 Internet 协议族,而不单单是 TCP 和 IP。

TCP/IP 是用于计算机通信的一组协议,通常称它为 TCP/IP 协议族。它是 20 世纪 70 年代中期美国国防部为其 ARPANET 广域网开发的网络体系结构和协议标准,以它为基础组建的 INTERNET 是目前国际上规模最大的计算机网络,正因为 INTERNET 的广泛使用,使得 TCP/IP 成了事实上的标准。

2. PROFIBUS 协议

PROFIBUS 是由德国西门子开发的,是一种国际化、开放式异步串行通信标准,广泛适用于制造业自动化和楼宇、交通、电力、石油等各行各业。

与其他现场总线系统相比,PROFIBUS 的最大优点在于具有稳定的国际标准 EN50170 作保证，并经实际应用验证具有普遍性。目前已应用的领域包括加工制造、过程控制和自动化等。PROFIBUS 有国际著名自动化技术装备的生产厂商支持，它们都具有各自的技术优势并能提供广泛的优质新产品和技术服务。

通过 PROFIBUS，可以方便地实现各种不同厂商的自动化设备及元器件之间的信息交换。PROFIBUS 协议标准由三个兼容部分组成：PROFIBUS-DP（分布式外设）、PROFIBUS-FMS（现场总线信息规范）、PROFIBUS-PA（过程自动化）。

3. DeviceNet 协议

DeviceNet 是由 Allen-Bradley 公司（Rockwell 自动化）开发的一种基于 CAN 的开放的现场总线标准。DeviceNet 作为一种协议，其系统解决方案在欧洲也取得了显著的业绩增长。DeviceNet 协议设计简单，实现成本较为低廉，但对于采用最底层的现场总线的系统（例如，由传感器、制动器以及相应的控制器构成的网络）来说，却是性能很高的。DeviceNet 设备涉及的范围从简单的光电开关一直到复杂的半导体制造业中的用到的真空泵。

就像其他的协议一样，DeviceNet 协议最基本的功能是在设备及其相应的控制器之间进行数据交换。因此，这种通信是基于面向连接的（点对点或多点传送）通信模型建立的。这样，DeviceNet 既可以工作在主从模式，也可以工作在多主模式。

4. Modbus 协议

Modbus 是 MODICON 公司为该公司生产的 PLC 设计的一种通信协议，从其功能上看，可以认为是一种现场总线。Modbus 协议是应用于电子控制器上的一种通用语言。通过此协议，控制器相互之间、控制器经由网络（例如以太网）和其他设备之间可以通信。它已经成为一种通用工业标准。有了它，不同厂商生产的控制设备可以连成工业网络，进行集中监控。Modbus 传输协议定义了控制器可以识别和使用的信息结构，而不须考虑通信网络的拓扑结构。拓扑在网络中形象地描述了网络的安排和配置，包括各种结点和结点的相互关系。拓扑不关心事物的细节也不在乎什么相互的比例关系，只将讨论范围内的事物之间的相互关系表示出来，将这些事物之间的关系通过图表示出来。网络中的计算机等设备要实现互联，就需要以一定的结构方式进行连接，这种连接方式称为"拓扑结构"。

Modbus 协议定义了各种数据帧格式，描述了控制器访问另一设备的过程，怎样做出应答响应，以及可检查和报告的错误。Modbus把通信参与者规定为"主站"和"从站"，主站可向多个从站发送通信请求。Modbus网络上只能有一个主站存在，主站在Modbus网络上没有地址，从站的地址范围为0～247，其中0为广播地址，从站的实际地址范围为1～247个从站（超过40站的要增加中继器，以避免信号的衰减）。每个从站都有自己的地址编号。

Modbus协议是一项应用层报文传输协议，包括ASCII、RTU、TCP三种报文类型。它们定义了数据如何打包、解码的方式。支持Modbus协议的设备一般都支持RTU格式。作为应用可以不去了解Modbus协议对数据是如何打包、解码的，只要是支持Modbus协议的设备直接拿来用就可以。只对支持Modbus协议的设备进行调试，要做的是要保证通信双方必须同时使用ASCII、RTU、TCP三种报文类型其中的一种。如果是开发应用软件需要了解协议的具体内容。

标准的Modbus协议物理层接口有RS-232、RS-422、RS-485和以太网接口。Modbus通信标准协议可以通过各种物理端口传播报文。

（三）常用的通信概念

1. 同步通信与异步通信

同步通信A，B之间用通信方式来完成某任务，A向B发送一个信息后，需要得到B的确认回应后，A才能继续发送下一个信息，这种通信方式就是同步通信。异步通信则不同。如A一边向B发送信息，一边接收B的确认回应，叫异步通信。

2. 并行通信与串行通信

并行通信：传输中有多个数据位，同时在两个设备之间传输。发送设备将这些数据位通过对应的数据线传送给接收设备，还可附加一位数据校验位。接收设备可同时接收到这些数据，不需要做任何变换就可直接使用。并行方式主要用于近距离通信，如图6-13（a）所示。

串行通信：串行数据传输时，数据是一位一位地在通信线上传输的，先由具有几位总线的计算机内的发送设备，将几位并行数据经并—串转换硬件转换成串行方式，再逐位经传输线到达接收站的设备中，并在接收端将数据从串行方式重新转换成并行方式，以供接收方使用。串行数据传输的速度要比并行传输慢得多，但对于覆盖面极其广阔的长距离通信来说，具有更大的现实意义，如图6-13（b）所示。

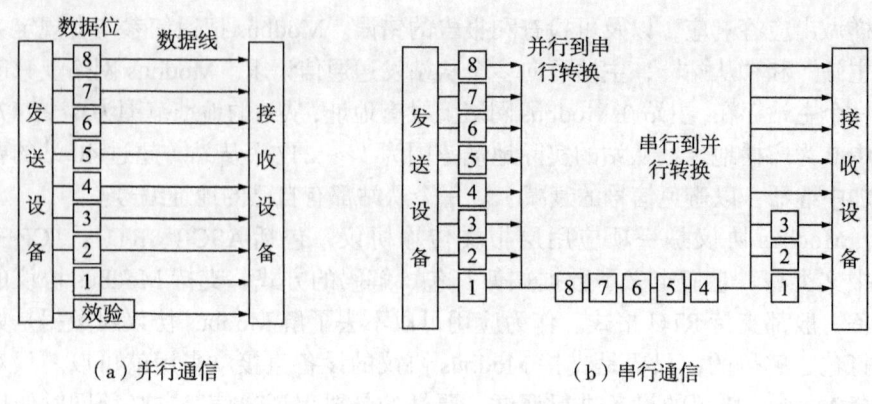

图 6-13 两种通信方式

3. 单工、半双工和全双工

串行数据通信的方向性结构有三种,即单工、半双工和全双工,如图 6-14 所示。如果在通信过程的任意时刻,信息只能由一方 A 传到另一方 B,则称为单工传输。如果在任意时刻,信息既可由 A 传到 B,又能由 B 传 A,但只能由一个方向上的传输存在,称为半双工传输。如果在任意时刻,线路上存在 A 到 B 和 B 到 A 的双向信号传输,则称为全双工传输(如电话线就是二线全双工信道)。

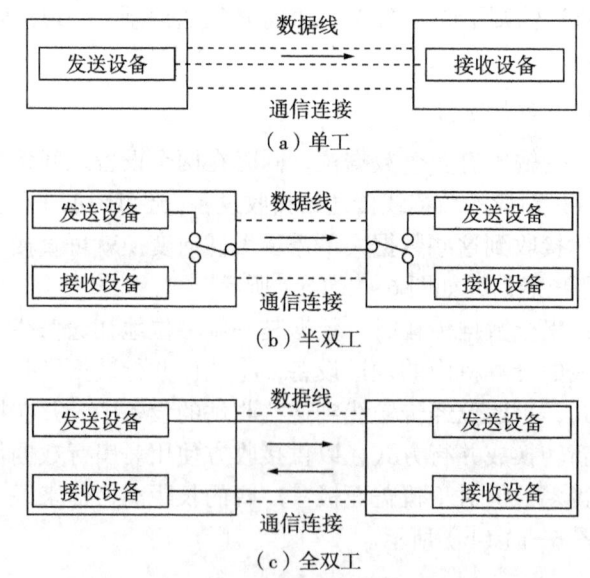

图 6-14 串行数据通信的方向性结构

(四）RS-232-C、RS-422、RS-485 通信接口

1. RS-232-C 通信接口

RS-232-C 是美国电子工业协会 EIA 制定的一种串行物理接口标准。RS 是英文"推荐标准"的缩写，232 为标识号，C 表示修改次数。RS-232-C 总线标准设有 25 条信号线，包括一个主通道和一个辅助通道。在多数情况下主要使用主通道，对于一般双工通信，仅需几条信号线就可实现，如一条发送线、一条接收线及一条地线。RS-232-C 最大通信距离为 15m；传输距离短的另一原因是 RS-232 属单端信号传送，存在共地噪声和不能抑制共模干扰等问题，因此一般用于 20m 以内的通信。

2. RS-485 通信接口

RS-485 总线，在要求通信距离为几十米到上千米时，广泛采用 RS-485 串行总线。RS-485 采用平衡发送和差分接收，因此具有抑制共模干扰的能力。加上总线收发器具有高灵敏度，能检测低至 200mV 的电压，故传输信号能在千米以外得到恢复。RS-485 采用半双工工作方式，发送电路须由使能信号加以控制。

RS-485 用于多点互联时非常方便，可以省掉许多信号线。应用 RS-485 可以联网构成分布式系统，其允许最多并联 32 台驱动器和 32 台接收器。若加上 8 个中继器通信距离最长可达 9600m。最高通信速率可达 1Mb/s。采用多模光纤的传输距离是 5～10km，而采用单模光纤可达 50km 的传播距离。随着通信速率的增加，通信距离会变短。

3. RS-422 通信接口

RS-422 标准全称是"平衡电压数字接口电路的电气特性"，它定义了接口电路的特性。RS-422 是一种单机发送、多机接收的单向、平衡传输规范，被命名为 TIA/EIA-422-A 标准。

RS-422 总线和 RS-485 电路原理基本相同，都是以差动方式发送和接受，不需要数字地线。由于接收器采用高输入阻抗和发送驱动器比 RS-232 更强的驱动能力，故允许在相同传输线上连接多个接收节点，最多可接 10 个节点，即一个主设备（Master），其余为从设备（Salve），从设备之间不能通信，所以 RS-422 支持点对多的双向通信。接收器输入阻抗为 4k，故发端最大负载能力是 $10 \times 4k + 100\Omega$（终接电阻）。RS-422 四线接口由于采用单独的发送和接收通道，因此不必控制数据方向。

4. RS-232-C/RS-422/RS-485 接口的区别

RS-232-C、RS-422 与 RS-485 都是串行数据接口标准，只对接口的电气特性做出规定，而不涉及接插件、电缆或协议，在此基础上用户可以建立自己的高层通信协议。

差动工作是同速率条件下传输距离远的根本原因，这正是 RS-422/RS-485 与 RS-232-C 的根本区别，因为 RS-232-C 是单端输入输出，只适合短距离的工作。双工工作时至少需要数字地线。而 RS-422 与 RS-485 不需要数字地线。

RS-422 通过两对双绞线可以全双工工作收发互不影响，RS-422 需要一终接电阻，要求其阻值约等于传输电缆的特性阻抗。在短距离传输时可不需终接电阻，即一般在 300m 以下不需终接电阻。终接电阻接在传输电缆的最远端。

而 RS-485 只能半双工工作，发收不能同时进行，但它只需要一对双绞线，应用简便。RS-422 和 RS-485 在 19kpbs 下能传输 1200m。RS-485 需要 2 个终接电阻，其阻值要求等于传输电缆的特性阻抗，在短距离传输时可不需终接电阻，即一般在 300m 以下不需终接电阻，终接电阻接在传输总线的两端。

（五）串口通信参数详解

串口通信最重要的参数是波特率、数据位、停止位和奇偶校验位。对于串口通信的两个设备端，这些参数必须匹配。

1. 波特率

这是一个衡量通信速度的参数。它表示每秒钟传送的 bit 的个数。例如 300 波特表示每秒钟发送 300 个 bit。当提到时钟周期时，就是指波特率。例如如果协议需要 4800 波特率，那么时钟是 4800Hz。这意味着串口通信在数据线上的采样率为 4800Hz。通常串口标准规定的常用的数据传输速率为每秒 50 波特、75 波特、100 波特、150 波特、300 波特、600 波特、1200 波特、2400 波特、4800 波特、9600 波特、19200 波特。波特率可以远远大于这些值，但是波特率和距离成反比。

2. 数据位

这是衡量通信中实际数据位的参数。当计算机发送一个信息包，实际的数据不会是 8 位的，标准的值是 5、7 和 8 位。如何设置取决于你想传送的信息。比如，标准的 ASCII 码是 0～127（7 位）。扩展的 ASCII 码是 0～255（8 位）。

第六章　变频器数字化应用

如果数据使用简单的文本（标准 ASCII 码），那么每个数据包使用 7 位数据。每个包是指一个字节，包括开始/停止位，数据位和奇偶校验位。由于实际数据位取决于通信协议的选取，术语"包"指任何通信的情况。

3. 停止位

用于表示单个包的最后一位。典型的值为 1 位、1.5 位和 2 位。由于数据是在传输线上定时的，并且每一个设备有其自己的时钟，很可能在通信中两台设备间出现了小小的不同步。因此停止位不仅仅是表示传输的结束，并且提供计算机校正时钟同步的机会。适用于停止位的位数越多，不同时钟同步的容忍程度越大，但是数据传输率同时也越慢。

4. 奇偶校验位

在串口通信中有四种检错方式：偶、奇、高和低。对于偶和奇校验的情况，串口会设置校验位（数据位后面的一位），用一个值确保传输的数据有偶个或者奇个逻辑高位。例如，如果数据是 011，那么对于偶校验，校验位为 0，保证逻辑高的位数是偶数个。如果是奇校验，校验位为 1，这样就有 3 个逻辑高位。高位和低位不真正的检查数据，简单置位逻辑高或者逻辑低校验。这样使得接收设备能够知道一个位的状态，有机会判断是否有噪声干扰了通信或者是否传输和接收数据是否不同步。在通信参数设置的时候，参数设置时分别用 O 代表奇校验，N 代表无校验，E 代表偶校验。

二、变频器的通信方式的优点及方式

变频器的通信用于触摸屏等上位机对变频器的数据读写，实时控制频率、启动、停止、运行状态等，监视其电流、电压，提取其故障信息等（每个厂家命令方式不同，请细看说明书），必须知道双方所采用的通信方式（包括物理接口，通信协议），依据通信协议，对于不同触摸屏、PLC 有不一样的实现方法或语句编程。同样，高级语言都可实现。

（一）变频器采用串行通信的优点

在机器和设备的控制系统中，对变频器采用串行通信进行控制的应用越来越广泛，与传统的控制方式相比较，其有以下几个主要优点：

1. 变频器控制线路连接最简单

由于大多数工业总线的物理层均为 RS-485 连接，由控制器（工控机）至变频器的控制线路可采用最简单的屏蔽双绞线即可实现，与传统的端子控制相比较，不仅可以节省线缆的费用，同时也最大地避免了人工配线过程中出现的失误。

2. 变频器与控制器可直接数字交换

由于控制器和变频器均为数字控制器件，采用通信控制可以实现两者之间的直接数字交换，与传统的控制方式相比较，不仅可以节省控制系统 A/D、D/A 模块的成本费用，同时，其控制精度也得到了很大的提高。

例如，对变频器采用传统的模拟量控制时，其频率给定精度在 50Hz 时为 0.05Hz，100Hz 时为 0.1Hz；如采用通信控制时，则其精度在最大运行频率（如 400Hz）范围内可达到 1 转（相当于约 0.01Hz）。

3. 可实现多台变频器的远程集中监控

随着机器和设备的自动化水平提高，对变频器的远程集中监控已经成为控制系统的必然趋势，采用传统的控制方式基本上无法满足其要求。

采用通信控制方案，可以通过控制器对多台远程变频器实现：对变频器配置参数的设置与调整；对变频器调节参数的整定；对变频器状态的监视及启/停控制；对变频器的故障管理及其故障复位后的重新启动等。

（二）常用的变频器通信方式

1. 变频器与 PLC 之间的通信

如图 6-15 所示，可以看出变频器与 PLC 之间通过 Modbus 通信协议，直接进行数字交换。降低了采用 DA 模块等硬件的成本，简化了接线，减少了外界的干扰信号，提高了频率控制的精度。

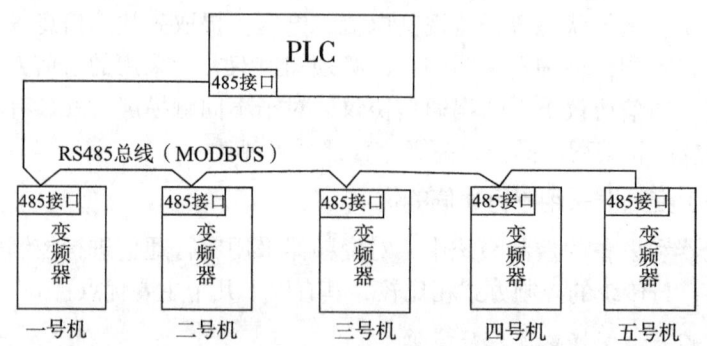

图 6-15 变频器与 PLC 之间通过 Modbus 通信

2. 变频器与触摸屏之间的通信

变频器与触摸屏之间的通信，如图 6-16 所示。

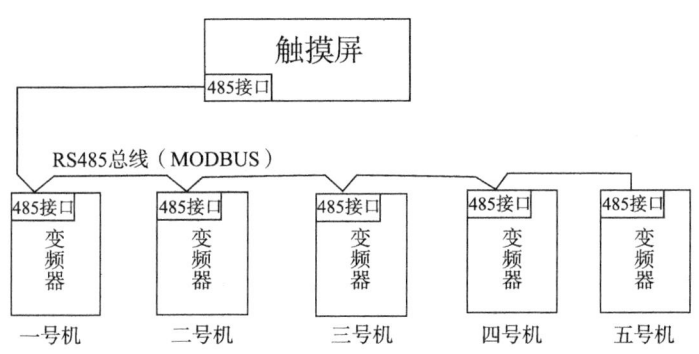

图 6-16 变频器与触摸屏之间的通信

当要实现每台变频器的控制时，须配置每台变频器的设备通信地址，触摸屏或文本显示器与变频器一致的波特率、校验方式、停止位等参数。

第五节　变频器涉及的数制与编码

一、数制

（一）十进制

十进制用字母 D 表示，有 0、1、2、3、4、5、6、7、8、9 共 10 个符号，人们在实际生活中用到的数字就是十进制。这个可以理解逢 10 进 1 的概念，但是计算机、变频器等识别不了十进制数，因此需要转换。

（二）二进制

计算机、变频器等设备内部的数据运算、存储都是采用二进制进行的。用字母 B 表示，只有 0 和 1 两个符号，从 0 到 1 表示两种状态，0 表示没有电或触点断开；1 表示有电或开关接通，线圈得电吸合等。二进制是用来给机器（计算机，CPU 等）识别和处理的。

1. 定义

按"逢二进一"的原则进行计数，称为二进制数，即每位上计满 2 时向高位进一。

2. 特点

每个数的数位上只能是 0，1 两个数字；二进制数中最大数字是 1，最小数字是 0；基数为 2，比如：10011010 与 00101011 是两个二进制数。

（三）八进制

用字母 O 表示，有 0、1、2、3、4、5、6、7 共 8 个符号，用得较少，一般是作为寄存器地址使用。

1. 定义

按"逢八进一"的原则进行计数，称为八进制数，即每位上计满 8 时向高位进一。

2. 特点

每个数的数位上只能是 0、1、2、3、4、5、6、7 八个数字；八进制数中最大数字是 7，最小数字是 0；基数为 8，比如：（1347）8 与（62435）8 是两个八进制数。

(四)十六进制

用字母 H 表示,有 0、1、2、3、4、5、6、7、8、9、A、B、C、D、E、F 共 16 个符号。逢 16 进 1 二进制数据不便于书写和阅读,因此引入了十六进制,容易记忆。

1. 定义

按"逢十六进一"的原则进行计数,称为十六进制数,即每位上计满 16 时向高位进一。

2. 特点

每个数的数位上只能是 0、1、2、3、4、5、6、7、8、9、A、B、C、D、E、F 十六个数码;十六进制数中最大数字是 F,即 15,最小数字是 0;基数为 16,比如:(109)16 与(2FDE)16 是两个十六进制数。

(五)常用计数制间的对应关系

二进制数、八进制数、十六进制数及十进制数是现代数字系统中常用的四种数制,这几种进位制计数制之间的对应关系,见表 6-4。

在此不再研究数制之间的转换问题,在变频器通信参数设置时按照手册填入数值,变频器内部系统会将数据转换成数字电路所需的二进制数。输出显示时系统又会将二进制数转换成人们习惯阅读的十进制数在显示面板显示。如果在编写程序时需要数制转换,可以利用电脑自带的科学计算器很方便地进行转换。

表 6-4 常用进制对照表

十进制(D)	二进制(B)	八进制(O)	十六进制(H)
0	0000	0	0
1	0001	1	1
2	0010	2	2
3	0011	3	3
4	0100	4	4
5	0101	5	5
6	0110	6	6
7	0111	7	7
8	1000	10	8
9	1001	11	9
10	1010	12	A
11	1011	13	B
12	1100	14	C
13	1101	15	D
14	1110	16	E
15	1111	17	F

二、编码

（一）二进制数的单位及数据范围

（1）位（bit）：一个二进制数中的1位，只能是0和1。

（2）字节（byte）：一个字节，就是一个8位二进制数，一个字节（8位位宽）表示无符号整数的范围是0～255，有符号整数的范围是-128～+127。

（3）字（word）：两个字节，就是一个16位二进制数。一个字（16位位宽）；表示无符号整数的范围是0～65535，有符号整数的范围是-32768～+32767。

（4）双字：两个字，即4个字节。双字（32位位宽）表示无符号整数的范围在0～4294967295；有符号整数的范围-2147483948～2147483947。实数（浮点数）是32位位宽。

（二）BCD 码

BCD 码通常是指8421码就是将十进制的数以8421的形式展开成二进制，大家知道十进制是0～9十个数组成，这十个数每个数都有自己的8421码。

BCD 码是四位二进制码，也就是将十进制的数字转化为二进制，但是和普通的转化有一点不同，每一个十进制的数字0～9都对应着一个四位的二进制码，对应关系如下：十进制0对应二进制0000，十进制1对应二进制0001……9对应二进制1001，接下来的10就有两个上述的码来表示10表示为00010000，也就是BCD码是遇见1001就产生进位，不像普通的二进制码，到1111才产生进位10000。

BCD 码分为压缩的 BCD 码和非压缩的 BCD 码：压缩的 BCD 码首先是用四位二制数表示个位，然后用四位二进制数表示十位，然后百位。比如：251需要三个四位二进制数表示，1表示为0001；5表示为0101；2表示为0010。最后251的BCD数据表示为0010 0101 0001；非压缩的BCD码用8位二进制数表示一个十进制数位，其中低4位是BCD码，高4位是0。

（三）ASCII 码

ASCII 码使用指定的7位或8位二进制数组合来表示128或256种可能的字符。标准 ASCII 码也称基础 ASCII 码，使用7位二进制数（剩下的1位二进制为0）来表示所有的大写和小写字母，数字0到9、标点符号，以及在美式英语中使用的特殊控制字符。ASCII 码在使用时需要查 ASCII 码表，见表6–5。

表 6-5 ASCII 和 BCD 码对照表

十进制数字	ASCII 码	压缩 BCD 码	非压缩 BCD 码
0	0011 0000	0000	0000 0000
1	0011 0001	0001	0000 0001
2	0011 0010	0010	0000 0010
3	0011 0011	0011	0000 0011
4	0011 0100	0100	0000 0100
5	0011 0101	0101	0000 0101
6	0011 0110	0110	0000 0110
7	0011 0111	0111	0000 0111
8	0011 1000	1000	0000 1000
9	0011 1001	1001	0000 1001

三、开关量、模拟量与数字量

在工业自动化控制中，经常会遇到开关量、数字量、模拟量等各种概念。

（一）开关量

一般指的是触点的"开"与"关"的状态，在计算机设备中用"0"或"1"来表示开关量的状态。

（二）模拟量

模拟量的概念与数字量相对应，但是经过量化之后又可以转化为数字量。模拟量是在时间和数量上都是连续的物理量，其表示的信号则为模拟信号。模拟量在连续的变化过程中任何一个取值都是一个具体有意义的物理量，如温度，电压，电流等，工业中的标准的电信号，如 0～5V、0～10V 或 4～20mA（其中用得最多的是 4～20mA）。模拟量准确地对应于物理量的被检测范围，如 0～100℃或 -10～100℃等。物理量就是常说的质量、温度、速度、压力、电压、电流等，在自控领域称为工程量。

（三）数字量

数字量在时间和数量上都是离散的物理量，其表示的信号则为数字信号。数字量是由 0 和 1 组成的信号，经过编码形成有规律的信号，量化后的模拟量就是数字量。

第六节　变频器通信应用

变频器作为工作设备中的一种，要实现能与其他工控设备通信，通信双方必须采用相同的通信协议和端口。Modbus 是工业上广泛使用的通信协议。所以各变频器厂家生产的变频器大多支持 Modbus 通信协议。

在生产现场，各种工控设备、仪表并不是集中装在一起，安装的位置有一定距离。由于 RS-485 接口的传输距离远，在总线上具有多站能力，工控设备采用 RS-485 接口进行通信接入工控网络相当方便。大多数变频器采用 RS-485 通信接口。

在 PC 机上只有 RS-232 串口。变频器与 PC 机通信，可以通过 RS-232/RS-485 转换器将 PC 机串口 RS-232 信号转换成 RS-485 信号；或者通过给 PC 机加装输出信号为 RS-485 类型的多串口扩展卡。本节只介绍 RS-485 接口通信在变频器上的应用。RS-485 通信的正确布线接线如下。

理想用线为双绞线：半双工的两线最好用双绞线中的一对。由于 RS-485 信号是利用差模传输的，即由 485+ 与 485- 的电压差来作为信号传输。这样两线双绞，加在两线上的干扰电平抵消实现抗干扰效果。RS-485 没有功率传输要求，所以对线径要求不高。

实际工程中，可以使用屏蔽线作为布线，也可以使用非屏蔽线作为布线。但有些工程会用 RVV 线缆，这也是可以的，但抗干扰性要差些。布线时 485 信号线不可以和电源线一同走线。

变频器接入已有工控网络所采用的结构方式必须符合原网络要求。不可以有星型连接或者交叉，如果产生星型连接或者交叉，干扰将非常大，甚至造成网络无法通信。确保变频器是与系统原有设备是手牵手的接入进去。如果需要使用星型结构，就必须使用 485 中继器或者 485 集线器来解决。

RS-485 标准的标准符号是 A、B 表示，A 接口 DATA+，B 接口 DATA-。有些设备会直接标注 RS-485+、RS-485- 或者 DATA+、DATA-。由于变频器品牌型号繁多，变频器上的 RS-485 接口端子的标注和接线方式多种多样。有直接设计在变频器多功能端子上的，有使用 RJ45 端子的等。接线时要查阅变频器使用手册。如图 6-17 所示为台达 VFD-M 系列变频器的 RS-485 串口端子，是 RJ-11 结构，需购买相应的水晶插头进行连接。如图 6-17 所示，3：SG-，4：SG+ 为 RS-485 的接线。所以在接线时只用 3、4 端子对

第六章 变频器数字化应用

应地接到其他设备的 RS-485 端子。接线方式为正对正,负对负。

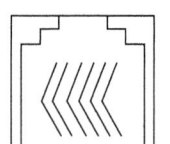
1：15V
2：GND
3：SG-
4：SG+
5：+EV
6：通信使能

图 6-17 台达 VFD-MRS-485 串口端子

第七节 变频器与触摸屏通信

触摸屏是一种数字系统输入设备。利用触摸屏可以直观地进行人机对话。触摸屏不但可以通过 PLC 与变频器通信操控变频器,而且可以实时监控变频器的运行状态。触摸屏不但是一种硬件,而且还需要组态软件编程。触摸屏嵌入版的组态软件除了用于工程开发,还具有上位机监控组态功能,可以在电脑上直接应用触摸屏的组态软件对变频器进行操作与监控。

目前,国内外有较大影响的触摸屏品牌包括西门子、昆仑通泰、威伦等。本节以昆仑通态 G 系列 7072Gi 及 McgsPro 组态软件为例,对变频器触摸屏通信进行介绍。本课程主要是学习变频器与触摸屏通信应用,默认电脑预装 McgsPro 组态软件,已经建好工程文件,并且已经将工程下载到昆仑通态 G 系列 072Gi 触摸屏。

一、G 系列 072Gi 触摸屏的串行接口

如图 6-18 所示,昆仑通态触摸屏 TPC 的 COM1 与 COM2 集成在一个 9 针 D 形母头上,其中 2、3、5 脚是 RS-232 通信引脚;7、8 是 RS-485 通信引脚。即 COM1:2 脚(RS232 RXD);3 脚(RS232 TXD);5(GND);COM2:7 脚(RS485+);8 脚(RS485-)。所以不要看到 DB9 的串口插头就认为是 RS-232 接口,要查阅设备手册进行确认。

接口	PIN	引脚定义
COM1	2	RS232RXD
	3	RS232TXD
	5	GND
COM2	7	RS485+
	8	RS485-

串口引脚定义

图 6-18 昆仑通态触摸屏 TPC 的 COM1 与 COM2

二、台达 VFD-M 变频器与 G 系列 072Gi 触摸屏通信连接

台达 VFD-M 变频器与昆仑通态触摸屏 TPC 的 RS485 接线,如图 6-19 所示。VFD-M 的 3 脚 SG- 接 TPC 的 8 脚 RS485-;VFD-M 的 4 脚 SG+ 接

TPC 的 7 脚 RS485+。

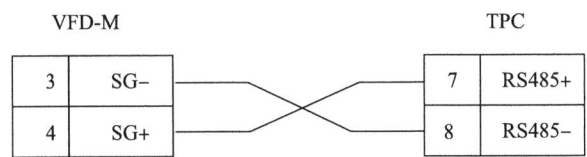

图 6-19　台达 VFD-M 变频器与昆仑通态触摸屏 TPC 的 RS485 接线

三、台达 VFD-M 变频器与电脑端 McgsPro 组态软件通信连接

电脑只有 RS-232 的 COM 串口，那么怎么与 RS-485 接口的变频器通信？可以利用 232-485 转换器或 USB-485 转换器进行转换。当转换器插入电脑后，会在电脑中虚拟出串口与外部 485 设备通信。

（一）变频器与触摸屏 RS-485 通信参数设置

可以通过电脑端 McgsPro 组态软件的设备组态窗口查询串口参数设置，如图 6-20 所示。包括设备采用的是通信协议是 Modbus RTU，RS-485 端口的通信波特率为 9600；数据位 8 位；停止位 1 位；数据校验方式为偶校验。

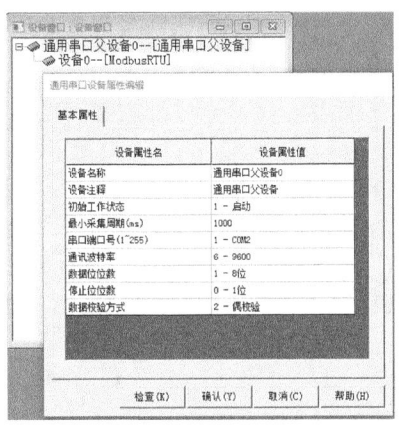

图 6-20　触摸屏设备窗口及串口设备属性

变频器与触摸屏 RS-485 通信，触摸屏为主站设备，变频器为从站设备。两台设备必须是相同的通信协议。台达 VFD-M 系列变频器的通信设置，见

表6-6。

表6-6 台达 VFD-M 变频器 RS485 口通信参数表

参数码	参数功能	设定值	功能
P00	主频率输入来源设定	03	主频率输入为通信输入（RS485）
P01	运转信号来源设定	03	运行指令由通信输入控制，键盘 STOP 键有效
P88	RS-485 通信地址	01～254	必须分配有效地址，不允许与其他设备重复
P89	数据传输速度	00～03	必须与网络中其他设备设置相同的波特率
P92	传输数据协议	00～05	必须与网络中其他设备设置相同协议

（二）昆仑通态触摸屏电路图与显示

昆仑通态触摸屏与台达变频器控制电动机正反转电路图，如图6-21所示。

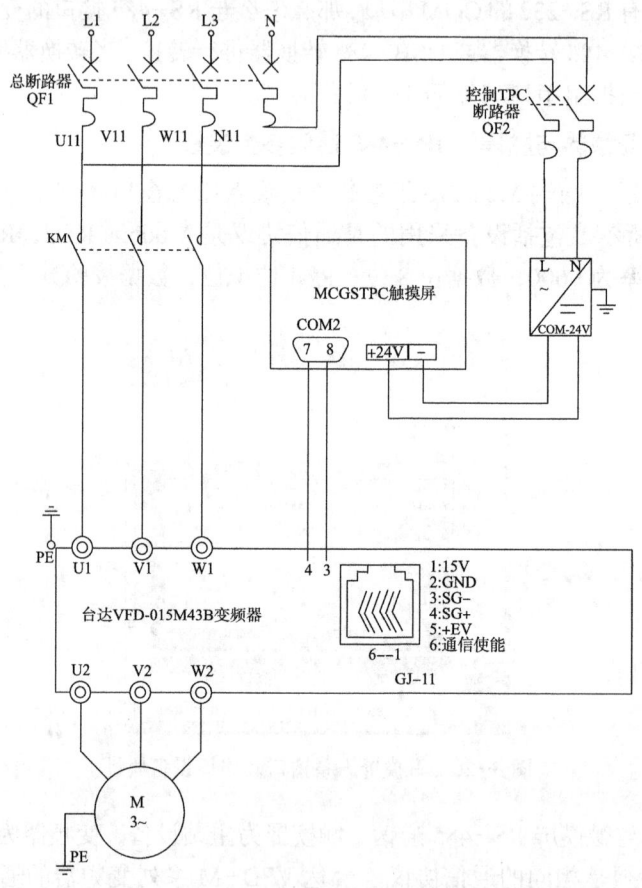

图6-21 昆仑通态触摸屏与台达变频器控制电动机正反转电路图

昆仑通态触摸屏组态控制画面，如图 6-22 所示。

图 6-22　昆仑通态触摸屏组态控制画面

昆仑通态触摸屏组态监控画面，如图 6-23 所示。

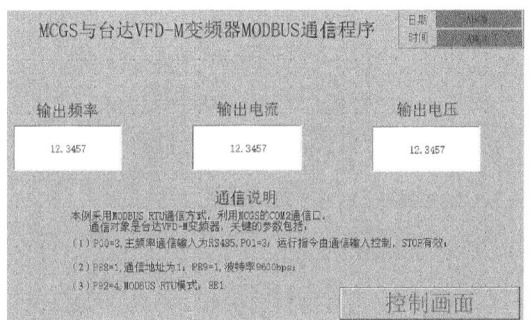

图 6-23　昆仑通态触摸屏组态监控画面

第七章
变频器控制应用实操

第一节 变频器电气元件、基本参数及主回路原理

一、实操目的

了解实操教学所用的变频器及外部电气元器件,按图完成变频器主回路接线。学习识读变频器操作手册。掌握变频器面板的操作方法,能够熟练地试运行变频器,通过控制面板启停变频器及面板电位器给定频率。查看基本参数按要求记录。掌握220V输入380V输出的隔离电源的使用。注意:在实际生产中对参数的设置要充分考虑负载类型。除非对设备特别了解,在使用参数初始化命令之前,必须将原始资料备份或记录。

二、实操步骤

(1)了解教学所用电气元件,见表7-1。

表7-1 实操电气元件表

符号	名称	规格型号	元器件作用
VFD	变频器	VFD015M43B	
QF1	断路器	HDBE-32LEC10	
QF2	断路器	NXBLE-32C32	
KM	交流接触器	CJX2-9/220V	
KM	辅助触头	F4-22	
KA	中间继电器	HH52PAC220V	
KA	中间继电器	MY4N-JDC24V	
FR	热继电器	JR36-20	
KT	时间继电器	H3Y-2AC220V	
SB	按钮	LA38-11BN	
SA	转换开关	LA38-20X3	
HD	指示灯	AD16-22DSAC220V	
RP	电位器	WIW22S5K	
PLC	可编程控制器	S7200-SMART SR20	
HMI	触摸屏	TS1070	
UR	开关电源	DRP024V120W1AA	
M	电动机	41K25A-Y	
BK	变频器测试电源	AC220V/AC380V/DC530	

（2）按图7-1安装变频器主回路，读取记录变频器基本参数（表7-2）。

表7-2　变频器控制参数记录表

班级_____　　　　　　　　　　　　　　　　　　　　　姓名_____

序号	功能	功能代码	设定数据及含义
1	主频率输入来源		
2	运行信号来源		
3	电动机停车方式		
4	最高操作频率		
5	最大电压频率		
6	最高输出电压		
7	最低输出频率		
8	最低输出电压		
9	输出频率上限值		
10	输出频率下限值		
11	电动机额定电流		
12	开机显示画面		
13	电动机极数		
14	故障记录一		

指导教师：　　　　　　　　　　　　　　　　　　　　　　　年　月　日

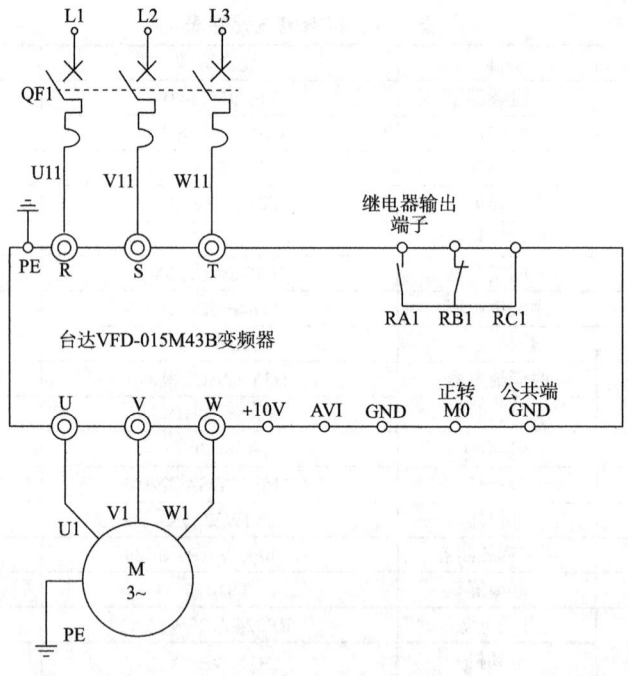

图7-1　变频器主回路原理图

第二节 安装电动机正转运行电路

一、实操目的

掌握变频器外部端子应用,做到正确安装接线,能够熟练查阅变频器用户手册,按要求设置相关参数设置。除要求设置的参数外,如还需要设置其他参数,可以在表下方添加并进行变频器设置。注意:在实际生产中对参数的设置要充分考虑负载类型。除非对设备特别了解,在使用参数初始化命令之前,必须将原始资料备份或记录。

二、实操步骤

(1)按原理图(图 7-2)接线。

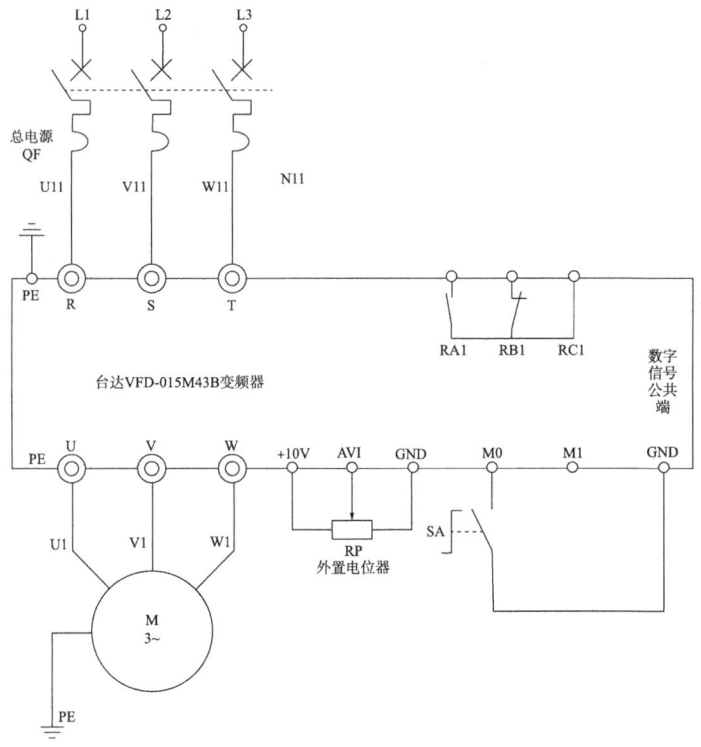

图 7-2 变频器正转控制原理图

参数设置要求如下：
① 参数恢复出厂设置 50Hz。
② 由外部电位器给定频率。
③ 外部端子启停。
④ 自由方式停机。
⑤ 最高操作频率为 50Hz。
⑥ 最大电压时对应频率 50Hz。
⑦ 最高输出电压 380V。
⑧ 最低输出频率设置 20Hz。
⑨ 加速中过电流 200%。
⑩ 运转中过电流 200%。
⑪ 电子热保护为标准电动机。
⑫ 输出频率上限 45Hz。
⑬ 输出频率下限 20Hz。
⑭ 冷却风扇一直运行。
⑮ 试运行。

（2）按控制要求填写参数表并设置变频器参数（表 7-3）。

表 7-3　变频器控制参数记录表

班级_____　　　　　　　　　　　　　　　　　　　姓名_____
项目名称：电动机正转运行电路

序号	功能	功能代码	设定数据	检查结果	扣分
1	参数锁定、重置设置				
2	主频率输入来源设定				
3	运行信号来源设定				
4	电动机停车方式设定				
5	最高操作频率选择				
6	最大电压频率选择				
7	最高输出电压选择				
8	最低输出频率选择				
9	加速中过电流检出位准				
10	运行中过电流检出位准				
11	电子热保护选择				
12	输出频率上限				
13	输出频率下限				
14	冷却风扇启动方式选择				
15					
				得分：	

注：检验结果、扣分处由教师填写。
指导教师：　　　　　　　　　　　　　　　　　　　　　年　月　日

第三节 变频器两线制（模式二）控制电动机正反转电路

一、实操目的

掌握变频器外部端子应用，变频器两线制（模式二）应用相关参数设置。

二、实操步骤

（1）按原理图（图7-3）接线。

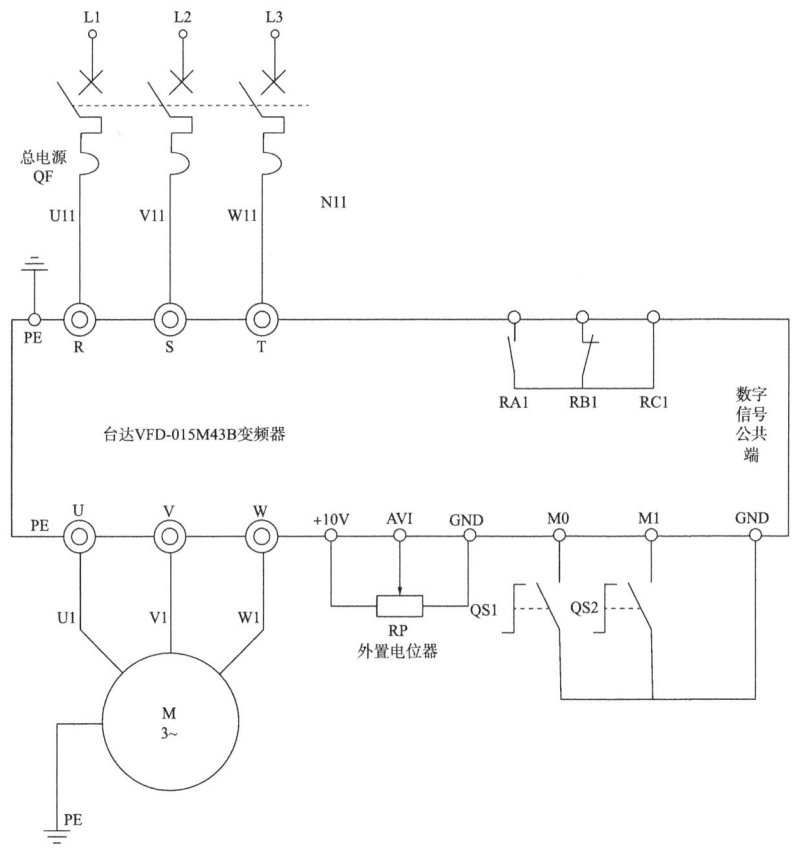

图7-3 变频器正反转控制原理图

参数设置要求如下：
①参数恢复出厂设置 50Hz。
②由外部电位器给定频率。
③外部端子启停。
④M0"开"停止，"闭"运转，M1"开"正转，"闭"反转。
⑤试运行。
（2）按控制要求填写参数表并设置变频器参数（表7-4）。

表7-4　变频器控制参数记录表

班级_____　　　　　　　　　　　　　　　　　　　　姓名_____
项目名称：电动机正转运行电路

序号	功能	功能代码	设定数据	检查结果	扣分
1	参数锁定、重置设置				
2	主频率输入来源设定				
3	运行信号来源设定				
4	多功能输入端子 M0 功能选择				
5	多功能输入端子 M1 功能选择				
6					
得分：					

注：检验结果、扣分处由教师填写。
指导教师：　　　　　　　　　　　　　　　　　　　　　　年　月　日

第四节 变频器三线制控制电动机正转运行电路

一、实操目的

掌握变频器外部端子应用,变频器三线制应用相关参数设置。理解变频器运行的自保持功能。

二、实操步骤

(1)按原理图(图7-4)接线。

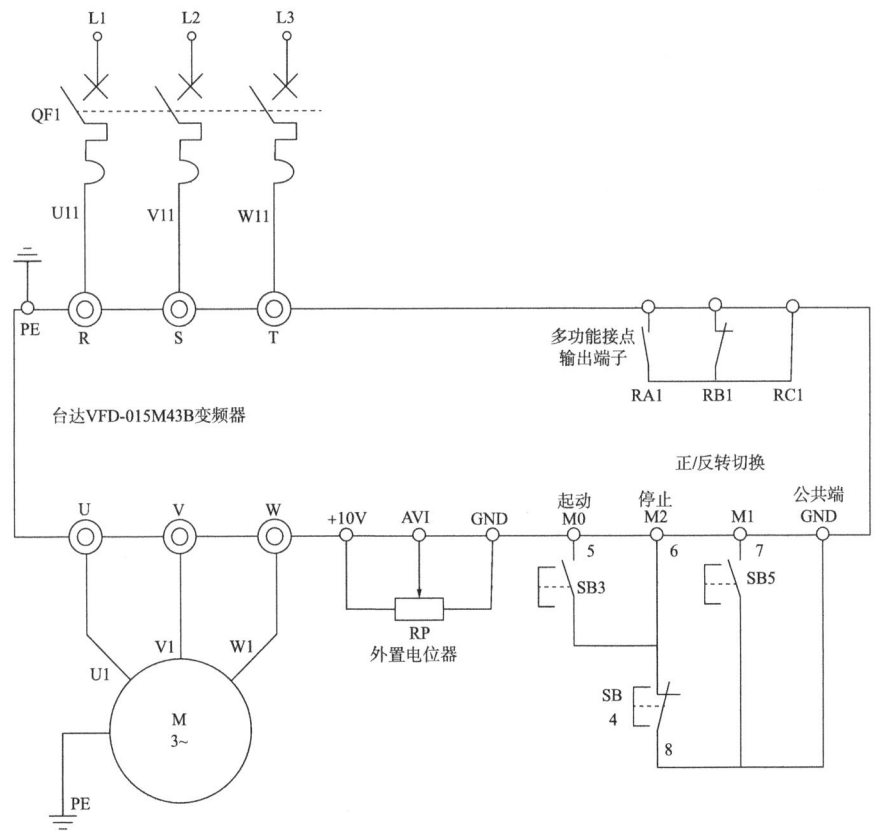

图 7-4 三线制控制电动机正转运行电路原理图

参数设置要求如下：
①参数恢复出厂设置 50Hz。
②由外部电位器给定频率。
③外部端子启停。
④使用 M0，M1，M2 数字输入端子设置三线制控制。
⑤试运行。
（2）按控制要求填写参数表并设置变频器参数（表 7-5）。

表 7-5 变频器控制参数记录表

班级_____ 姓名_____
项目名称：三线制控制电动机正转运行电路

序号	功能	功能代码	设定数据	检查结果	扣分
1	参数锁定、重置设置				
2	主频率输入来源设定				
3	运行信号来源设定				
4	多功能输入端子 M0 功能选择				
5	多功能输入端子 M1 功能选择				
6	多功能输入端子 M2 功能选择				
得分：					

注：检验结果、扣分处由教师填写。
指导教师： 年 月 日

第五节 继电器控制变频调速电路

一、实操目的

掌握继电器控制启停变频器，多功能继电器输出应用。假设本电路用于风机、水泵类负载，进行参数设置。此类负载在没有运行之前，由于风流、水流带动电动机在转动，此类设备在启动前应加入直流制动，实际应用中要根据实际情况调整，使系统工作在最佳状态。同时要对照手册理解其他各类负载对应的 U/F 曲线。

二、实操步骤

（1）按原理图（图7-5）接线。

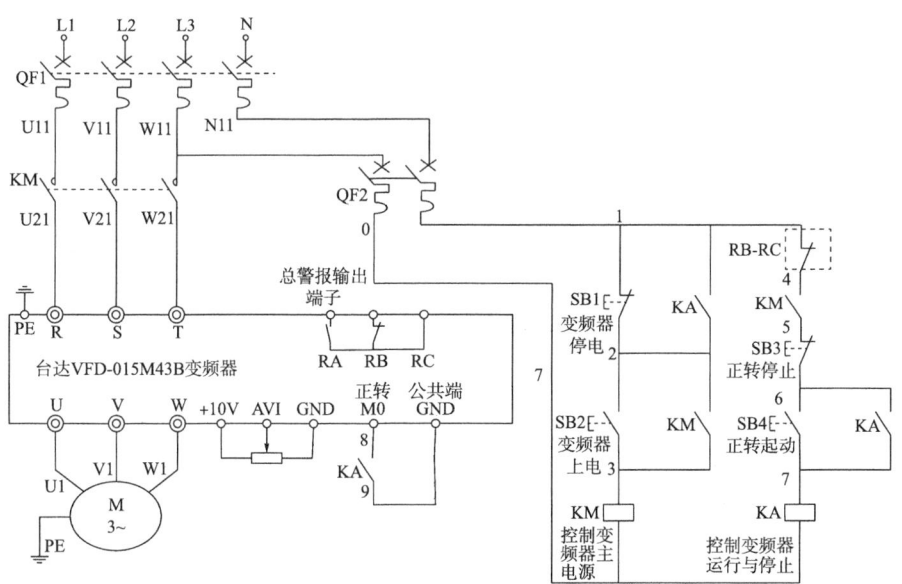

图7-5 继电器控制变频器电路原理图

参数设置要求如下：
①参数恢复出厂设置 50Hz。
②由外部电位器给定频率。
③外部端子启停。
④电动机以减速刹车方式停止。
⑤中间频率 25Hz。
⑥中间电压 90V。
⑦最低输出频率 3 Hz。
⑧最低输出电压 10V。
⑨直流制动电流 10%。
⑩启动时直流制动时间 2s。
⑪多功能输出端子（RA、RB、RC）变频器故障输出。
⑫试运行。

（2）按控制要求填写参数表并设置变频器参数（表 7-6）。

表 7-6 变频器控制参数记录表

班级_____　　　　　　　　　　　　　　　　　　　　姓名_____
项目名称：继电器控制变频调速电路

序号	功能	功能代码	设定数据	检查结果	扣分
1	参数锁定、重置设置				
2	主频率输入来源设定				
3	运行信号来源设定				
4	电动机以减速刹车方式停止				
5	中间频率选择				
6	中间电压选择				
7	最低输出频率选择				
8	最低输出电压选择				
9	直流制动电流准位设定				
10	启动时直流制动时间设定				
11	多功能输出端子（RA、RB、RC）设置				
12					
	得分：				

注：检验结果、扣分处由教师填写。
指导教师：　　　　　　　　　　　　　　　　　　　　　　　　年　月　日

第六节　变频器控制电动机正反转及多段速电路

一、实操目的

掌握变频器多段速度控制。实验中感受转换开关各种"开"与"关"电动机转速的变化。三个转换开始组合实现 7 段速。进行参数设置。

二、实操步骤

（1）按原理图（图 7-6）接线。

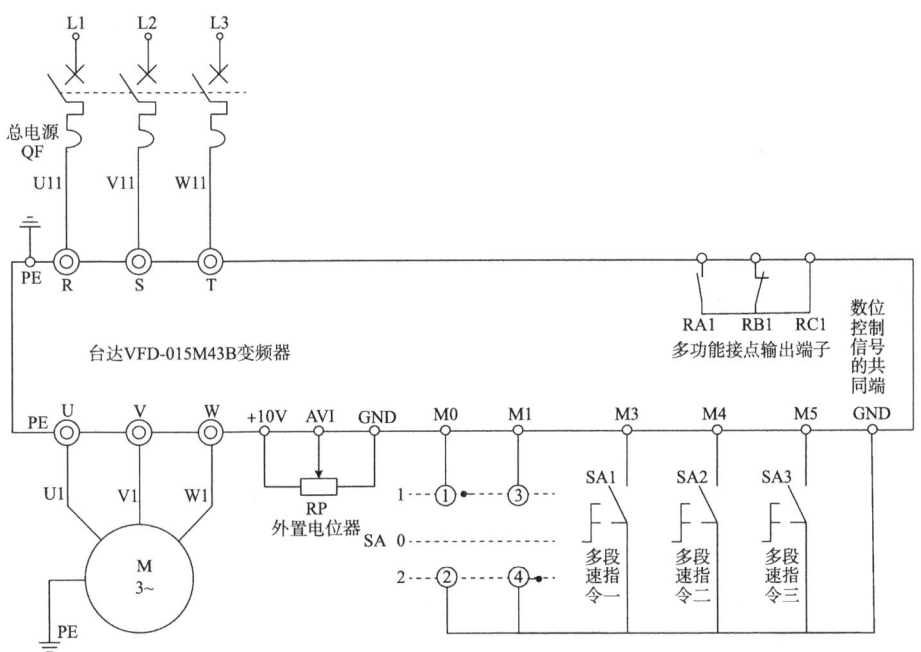

图 7-6　变频器控制电动机正反转及多段速电路原理图

参数设置要求如下：

①参数恢复出厂设置 50Hz。

②由外部电位器给定频率。

③外部端子启停。

④多功能输入端子（M0、M1）二线式运行模式一。

⑤设置多段速频率第一段到第七段速分别为 10Hz，15Hz，20Hz，25Hz，30Hz，35Hz，40Hz。

⑥多功能输入端子（M3、M4、M5）选择分别为多段速指令。

⑦试运行。

（2）按控制要求填写参数表并设置变频器参数（表 7-7）。

表 7-7 变频器控制参数记录表

班级_____ 姓名_____

项目名称：变频器控制电动机正反转及多段速电路

序号	功能	功能代码	设定数据	检查结果	扣分
1	参数锁定、重置设置				
2	主频率输入来源设定				
3	运行信号来源设定				
4	多功能输入端子 M0				
5	多功能输入端子 M1				
6	第一段速频率设定				
7	第二段速频率设定				
8	第三段速频率设定				
9	第四段速频率设定				
10	第五段速频率设定				
11	第六段速频率设定				
12	第七段速频率设定				
13	多功能输入端子（M3）功能选择				
14	多功能输入端子（M4）功能选择				
15	多功能输入端子（M5）功能选择				
16					
			得分：		

注：检验结果、扣分处由教师填写。

指导教师： 年 月 日

第七节 变频器控制电动机正反转及自动多段速电路

一、实操目的

掌握变频器简易 PLC 代码设置。由于变频器技术应用的提高，各品牌变频器都具有简易 PLC 可编程模式，可取代一些传统的继电器、开关、定时器等控制线路；使用此功能时参数设置很多，每个环节不可错误，要详细地阅读变频器手册，反复设置调试。自动多段速运行模式适合污水处理的过滤管冲洗。

二、实操步骤

（1）按原理图（图 7-7）接线。

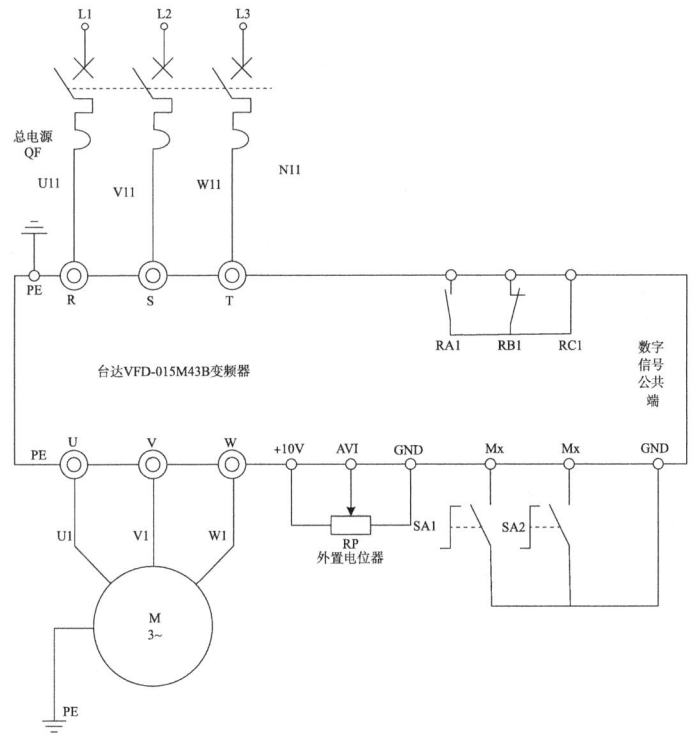

图 7-7 变频器控制电动机正反转及自动多段速电路原理图

参数设置要求如下：
①参数恢复出厂设置 50Hz。
②由外部电位器给定频率。
③外部端子启停。
④设置多段速频率第一段到第七段速分别为 10，20，30，40，50，35，15Hz。
⑤多功能输入端子（Mx）（选择一端子闭合为程序自动运行）。
⑥多功能输入端子（Mx）（选择一端子闭合程序自动运行暂停）。
⑦自选一种可程序运转模式。
⑧设置可程序运转电动机旋转方向第一段到第七段速分别为正、反、正、正反、反、正。
⑨每一段速运行时间设置第一段到第七段速分别为 1.0、1.2、1.5、1.5、0.8、1.7、1.7。
⑩选择一种参数锁定方式。
⑪试运行。

（2）按控制要求填写参数表并设置变频器参数（表 7-8）。

表 7-8 变频器控制参数记录表

班级_____　　　　　　　　　　　　　　　　　　　　姓名_____
项目名称：变频器控制电动机正反转及自动多段速电路

序号	功能	功能代码	设定数据	检查结果	扣分
1	参数锁定、重置设置				
2	主频率输入来源设定				
3	运行信号来源设定				
4	多功能输入端子 Mx				
5	多功能输入端子 Mx				
6	第一段速频率设定				
7	第二段速频率设定				
8	第三段速频率设定				
9	第四段速频率设定				
10	第五段速频率设定				
11	第六段速频率设定				
12	第七段速频率设定				
13	简易 PLC 可程序运转模式选择				
14	第一段运行时间设定				
15	第二段运行时间设定				

续表

序号	功能	功能代码	设定数据	检查结果	扣分
16	第三段运行时间设定				
17	第四段运行时间设定				
18	第五段运行时间设定				
19	第六段运行时间设定				
20	第七段运行时间设定				
21	参数锁定				
得分：					

注：检验结果、扣分处由教师填写。

指导教师： 年 月 日

第八节 变频器继电器控制工频/变频控制电路

一、实操目的

掌握变频器工频/变频转换控制电路。例如油田的抽油机、各种泵类用变频器进行控制时,当变频器出现故障需停机维修,但是生产需要设备需要继续运行,那么就可以采用工频/变频控制电路。本电路是变频器故障自动转工频电路,在实际生产中要根据实际情况进行电路设计。要考虑设备是否允许自动转工频运行。

二、实操步骤

(1)按原理图(图7-8)接线。

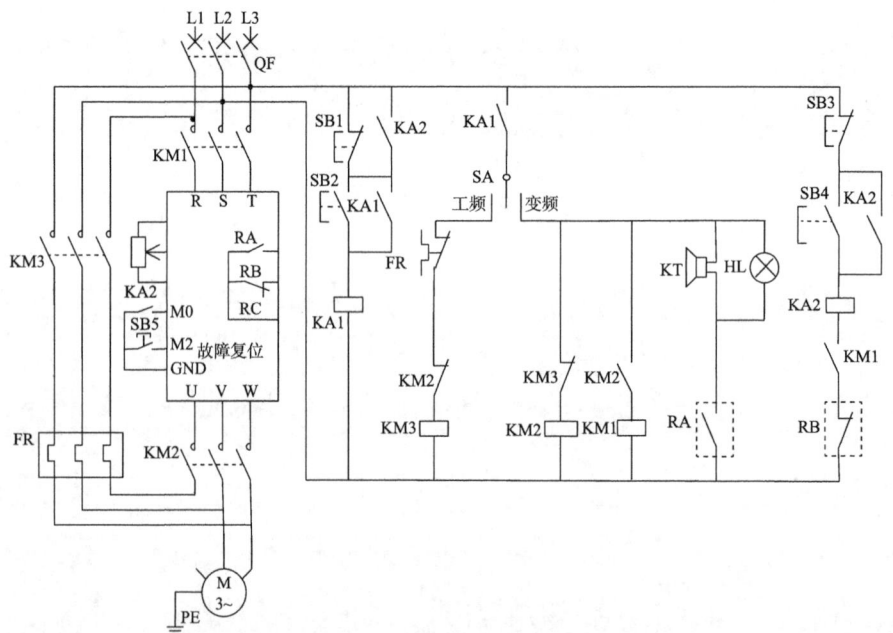

图7-8 变频器继电器控制工频/变频控制电路原理图

第七章 变频器控制应用实操

参数设置要求如下：
①参数恢复出厂设置 50Hz。
②由外部电位器给定频率。
③外部端子启停。
④电动机以自由方式停止。
⑤最高操作频率 50Hz。
⑥最大电压频率 50Hz。
⑦最高输出电压 380V。
⑧中间频率 2.2Hz。
⑨中间电压 23V。
⑩最低输出频率 1.3Hz。
⑪最低输出电压 14V。
⑫第一加速时间 20s。
⑬第一减速时间 20s。
⑭根据电动机铭牌设置额定电流。
⑮电子热保护为标准电动机。
⑯参数锁定。
⑰试运行。

（2）按控制要求填写参数表并设置变频器参数（表7-9）。

表7-9 变频器控制参数记录表

班级_____　　　　　　　　　　　　　　　　　　　　姓名_____
项目名称：变频器继电器控制工频/变频控制电路

序号	功能	功能代码	设定数据	检查结果	扣分
1	参数锁定、重置设置				
2	主频率输入来源设定				
3	运行信号来源设定				
4	电动机停车方式设定				
5	最高操作频率选择				
6	最大电压频率选择				
7	最高输出电压选择				
8	中间频率选择				
9	中间电压选择				
10	最低输出频率选择				

续表

序号	功能	功能代码	设定数据	检查结果	扣分
11	最低输出电压选择				
12	第一加速时间选择				
13	第一减速时间选择				
14	电动机额定电流设定				
15	电子式热动选择				
16	参数锁定				
17					
得分:					

注：检验结果、扣分处由教师填写。

指导教师：　　　　　　　　　　　　　　　　　　　　　　年　月　日

第九节　变频器数字输入端子综合应用控制电路

一、实操目的

掌握变频器多功能端子的使用，要求外部电位器给定频率。其他参数查阅手册自行选择功能，并填写参数表。原理图只作为参考，可以根据实际的功能重新选择按钮等外部电气。

二、实操步骤

（1）按原理图（图 7-9）接线，也可自由设计。

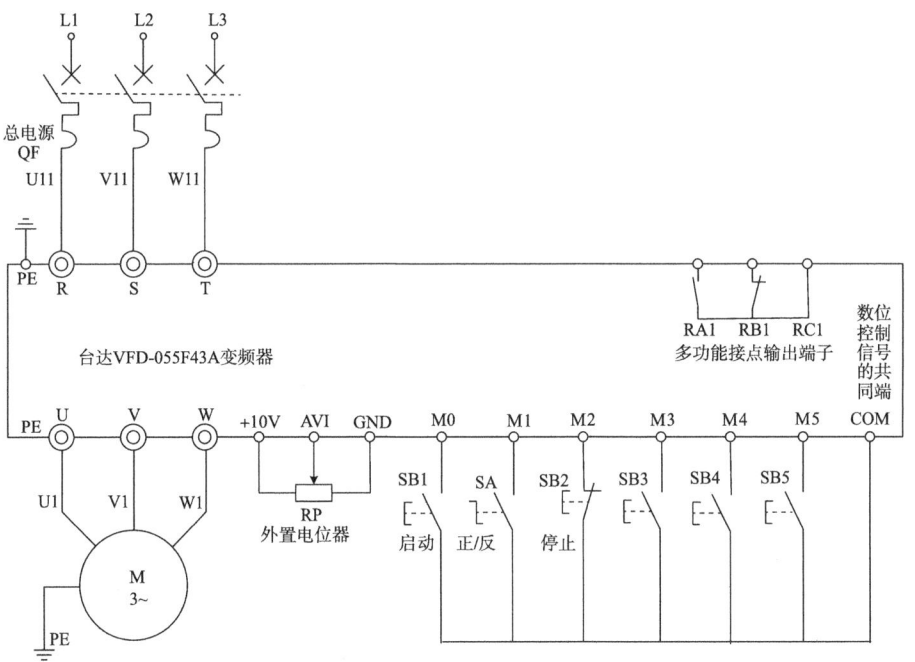

图 7-9　变频器数字输入端子综合应用控制电路原理图

（2）填写参数表并设置变频器参数（表7-10），也可自由设计。

表7-10 变频器控制参数记录表

班级_____ 姓名_____

项目名称：变频器数字输入端子综合应用控制电路

序号	功能	功能代码	设定数据	检查结果	扣分
1					
2					
3					
4					
5					
6					
7					
8					
9					
10					
			得分：		

注：检验结果、扣分处由教师填写。

指导教师： 年 月 日

第十节 变频器与智能化仪表综合应用控制电路

一、实操目的

掌握变频器与智能化仪表的综合应用，通过本项目了解智能化仪表设置以及 PID 自动调节功能。

二、实操步骤

（1）按原理图（图 7-10）接线，也可以自由设计。

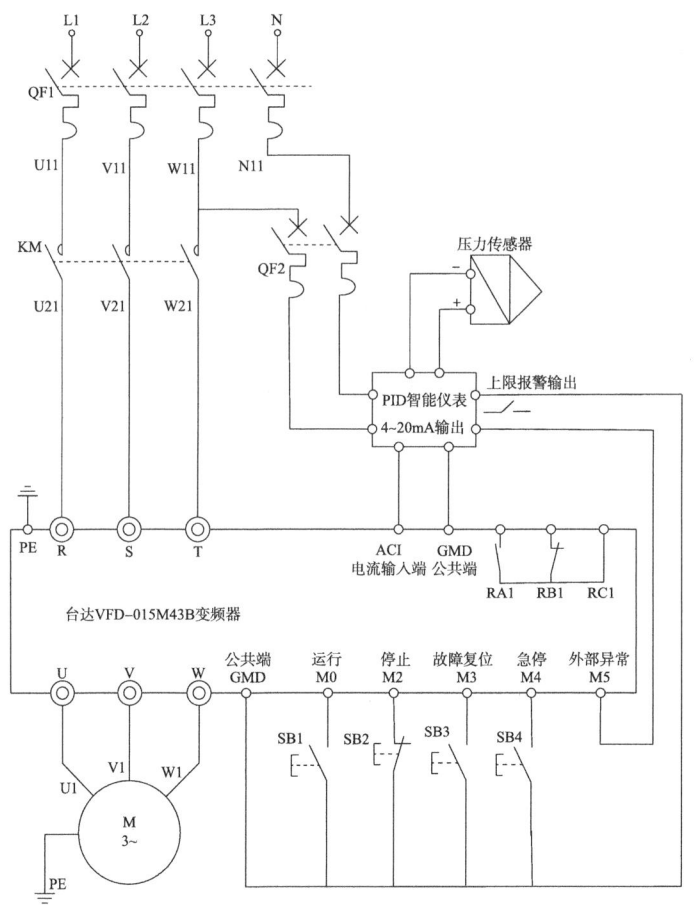

图 7-10 变频器与智能化仪表综合应用控制电路原理图

参数设置要求如下：

运用所学的知识设置变频器的基本参数，重点是考虑频率给定信号的方向问题，比如要求系统压力高时要降低电动机转速。还要考虑系统的安全运行问题，比如压力到达最高上限值是否需要自动停止运行，变频器故障时是否需要设置复位按钮进行故障复位等。

（2）填写参数表并设置变频器参数（表7-11）。

表7-11 变频器控制参数记录表

班级_____ 姓名_____
项目名称：变频器与智能化仪表综合应用控制电路

序号	功能	功能代码	设定数据	检查结果	扣分
1					
2					
3					
4					
5					
6					
7					
8					
9					
10					
得分：					

注：检验结果、扣分处由教师填写。

指导教师： 年 月 日

第十一节 用 PLC 控制的工频与变频转换控制电路

一、实操目的

通过实际操作掌握 PLC 梯形图语言的编程方法,完成梯形图编写前要填写的 I/O 分配表和绘制 PLC 外部接线图,能够正确完成变频器与 PLC 端子正确接线。

二、实操步骤

(1) 填写 PLC 控制的工频与变频控制电路 I/O 分配表(表 7-12)。

表 7-12 PLC 控制的工频与变频控制电路 I/O 分配表

输入			输出		
输入点	输入元件	作用	输出点	输出元件	作用

(2) 绘制 PLC 外部接线图并安装电路。

根据给定的变频器主回路接线图绘制 PLC 控制的工频与变频转换电路(图 7-11)。

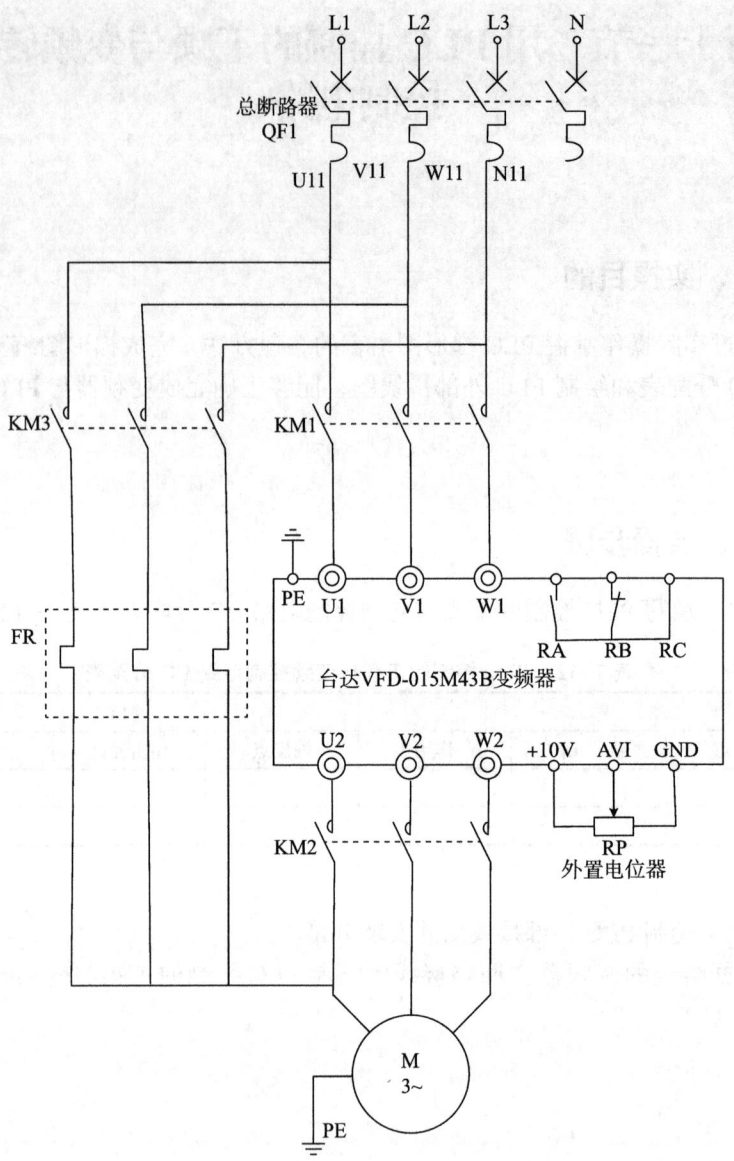

图 7-11 工频与变频转换控制主电路原理图

控制要求如下：
①手动切换工频/变频。
②正常运行时（包括变频器保护停机时）变频器禁止自动断电。
③工频运行时要有必要的热保护停机。
④变频器故障报警停机需人工手动复位。
⑤外部电路及PLC内部应设计必要的连锁以防短路。
⑥要有必要的紧急停车按钮。
⑦变频器故障时须有声光报警提示。
（3）按控制要求填写参数记录表设置变频器参数（表7-13）。

负载为一台额定功率为0.18kW，额定电压380V，额定频率50Hz，4极三相异步电动机，驱动一台风机。三相供电电源电压380V，频率50Hz。风机安装在2m以上位置，室内温度高风机需要长期运行（包括停电后恢复供电时允许自动运转）。工人发现电动机风机在工频启动的过程中有抖动现象并且电动机运转时噪声很大，希望使用变频器控制时解决这一问题。

表7-13 变频器控制参数记录表

班级_____ 姓名_____
项目名称：用PLC控制的工频与变频控制电路

序号	功能	功能代码	设定数据	检查结果	扣分
1					
2					
3					
4					
5					
6					
7					
8					
9					
10					
			得分：		

注：检验结果、扣分处由教师填写。
指导教师： 年 月 日

第十二节 变频器与触摸屏综合应用控制电路

一、实操目的

掌握变频器的 RS-485 端口，Modbus RTU 通信协议的参数设置。掌握触摸屏工程文件的下载、上载。

二、实操步骤

（1）按原理图（图 7-12）安装主线路接线连接 RS-485 数据线。

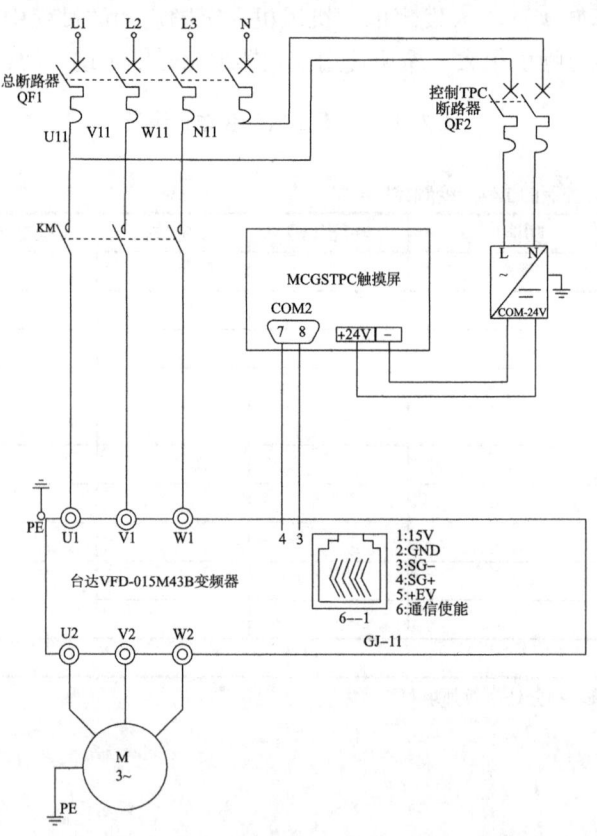

图 7-12 变频器与触摸屏综合应用控制电路原理图

(2)触摸屏应用软件安装应用。

微机安装昆仑通态触摸屏组态软件 McgsPro V3.3.1.4104 SP1.3。模拟运行触摸屏工程文件,正常后下载到触摸屏。

(3)填写变频器参数表并设置变频器参数(表7-14)。

通过触摸屏组态软件查看设备的通信参数设置,填写变频器参数表并设置变频器通信参数。

表 7-14　变频器控制参数记录表

班级_____　　　　　　　　　　　　　　　　　　姓名_____

项目名称:用 PLC 控制的工频与变频控制电路

序号	功能	功能代码	设定数据	检查结果	扣分
1					
2					
3					
4					
5					
6					
7					
8					
9					
10					
得分:					

注:检验结果、扣分处由教师填写。

指导教师:　　　　　　　　　　　　　　　　　　　　年　月　日

第十三节　变频器内置 PID 功能应用控制电路

一、实操目的

PID 功能主要用于恒压供水、恒压输油。PID 的调试过程需要真正的现场调试。普通的变频器功能没有办法达到特别精密的 PID 调节。在实际应用中还要考虑超压保护，缺水保护等等的现场问题。其次现在恒压供水系统专用产品也相当多。本项目只了解变频器的 PID 应用。

二、实操步骤

（1）按原理图（图 7-13）接线。

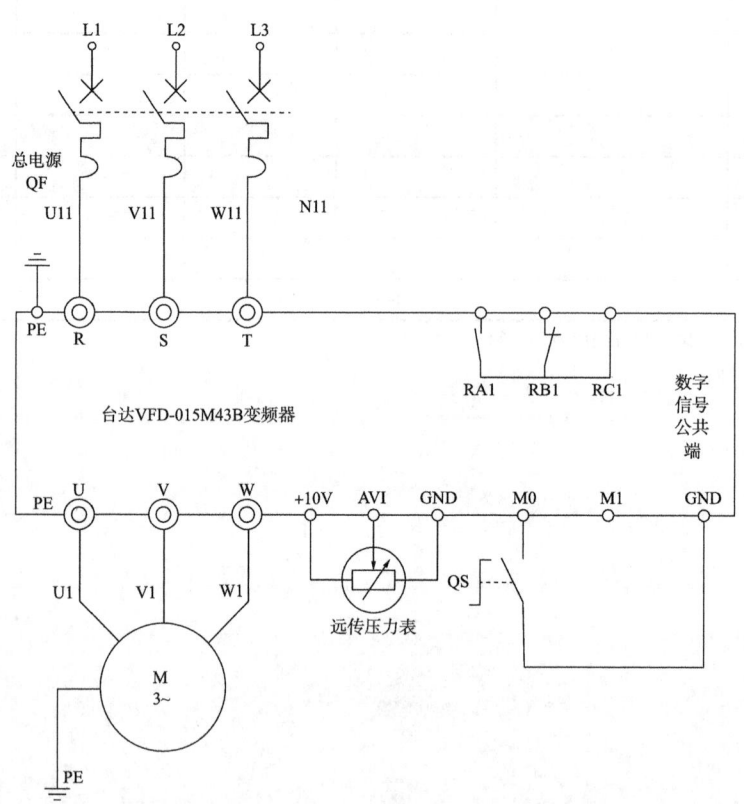

图 7-13　变频器内置 PID 功能应用控制电路原理图

（2）按设置要求填写参数表并设置变频器（表7-15）。

按照水泵类负载设置基本参数，并且完成 PID 参数设置调试。

表 7-15 变频器控制参数记录表

班级_____　　　　　　　　　　　　　　　　　　　姓名_____

项目名称：变频器内置 PID 功能应用控制电路

序号	功能	功能代码	设定数据	检查结果	扣分
1					
2					
3					
4					
5					
6					
7					
8					
9					
10					
得分：					

注：检验结果、扣分处由教师填写。

指导教师：　　　　　　　　　　　　　　　　　　　　　　　年　月　日

附 录

附录一 变频器技术应用操作技能考核评分记录表

班级_____ 姓名_____
项目名称：按要求设计变频器控制电路／配线　考核时间：2小时　得分：

序号	考核项目	评分要素	配分	评分标准	检测结果	扣分
1	通电试验	按照被控设备的动作要求进行调试和通电试验	30	电路的组成不完整扣5分		
				元件符号使用不规范5分		
				绘制不平直美观总分扣5分		
				交叉连接点未标注每处扣1分		
				变频器不能上电扣30分		
				不能实现启动与停止扣5分		
				运行频率不能调整扣5分		
2	检查参数	根据控制要求输入的参数	30	参数填写错误每处扣1分，参数输入错误或未输入每处扣1分		
3	布线	严格按电路原理图接线	40	未按原理图接线从总分中扣40分		
				导线露铜每处扣1分；（大于1mm）		
				斜线连接导线每处扣5分		
				控制线穿过主电路（A.B.C间）每处扣5分		
				在元器件间选择通道扣10分		
				接点松动每处扣1分		
				损伤导线绝缘、线芯、元件每处扣5分		
				主、控回路导线选择错误扣除20分		
4	安全操作	按国家或企业安全规定执行		未清理现场从总分中扣5分，每违反一项安全规定从总分中扣5分，通电调试出现短路故障该项不得分		
5	考核时限	按规定时间完成		提前完成不加分，到时间停止操作		
		合计	100			

注：检验结果、扣分处由教师填写。
指导教师：　　　　　　　　　　　　　　　　　　　　　　　　　　年　月　日

附录二 变频器控制参数记录表

班级_____　　　　　　　　　　　　　　　　姓名_____

项目名称：

序号	功能	功能代码	设定数据	检查结果	扣分
1					
2					
3					
4					
5					
6					
7					
8					
9					
10					
		得分：			

注：检验结果、扣分处由教师填写。

指导教师：　　　　　　　　　　　　　　　　　　　年　月　日

附录三 异常诊断方法

一、操作面板异常

操作面板异常诊断方法如附图 3-1 所示。

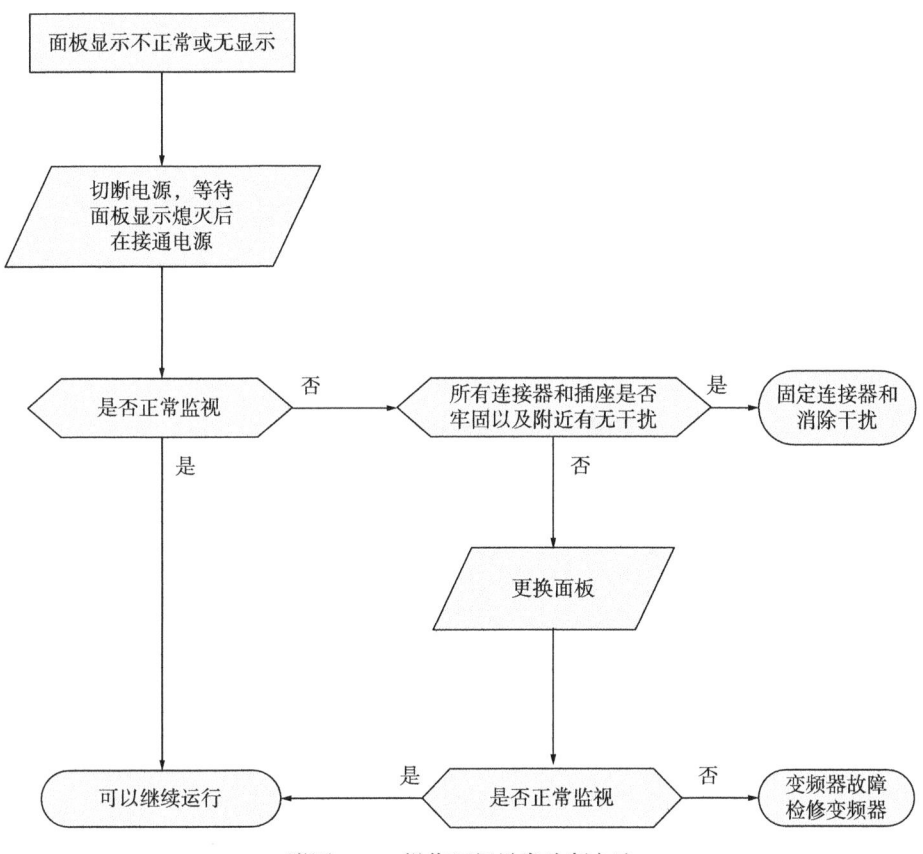

附图 3-1 操作面板异常诊断方法

二、电源缺相

电源缺相异常诊断方法如附图 3-2 所示。

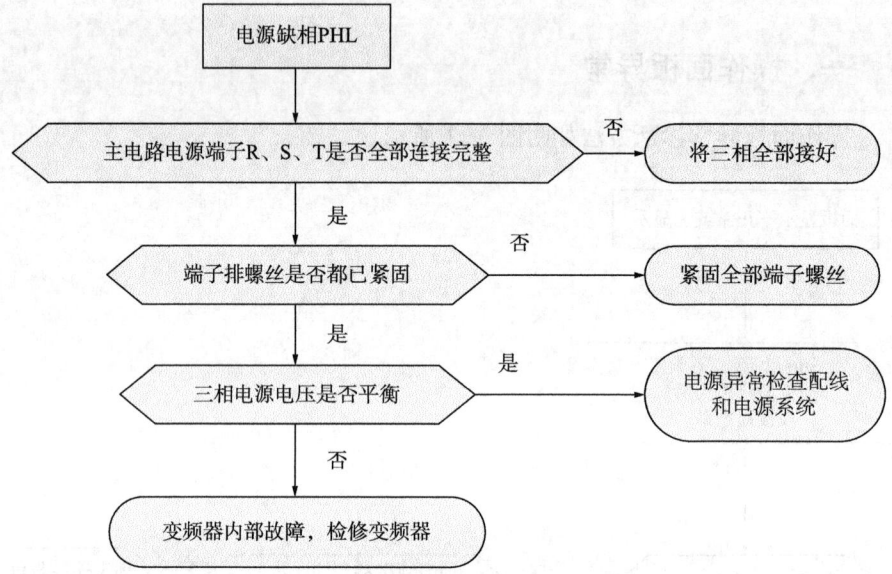

附图 3-2　电源缺相异常诊断方法

三、电动机无法运转

电动机无法运转异常诊断方法如附图 3-3 所示。

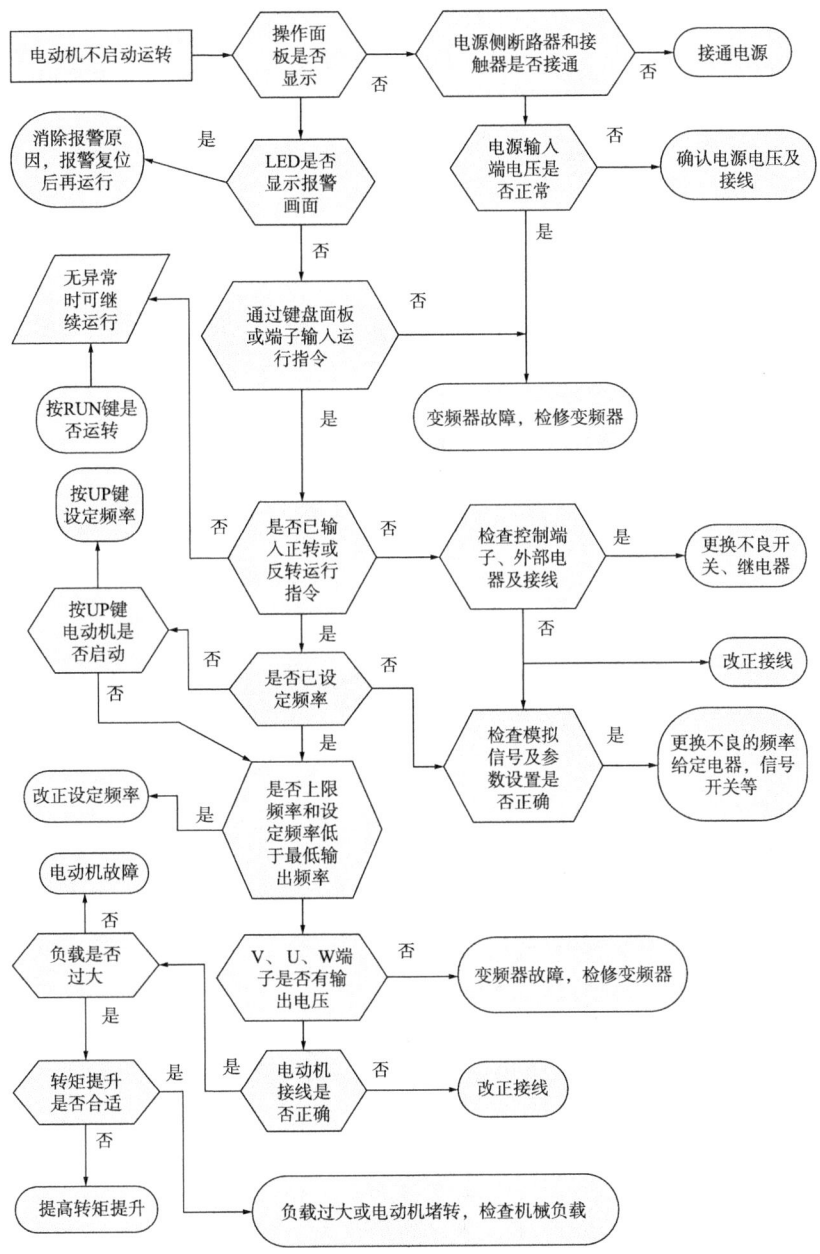

附图 3-3 电动机无法运转异常诊断方法

四、速度无法变更

速度无法变更异常诊断方法如附图 3-4 所示。

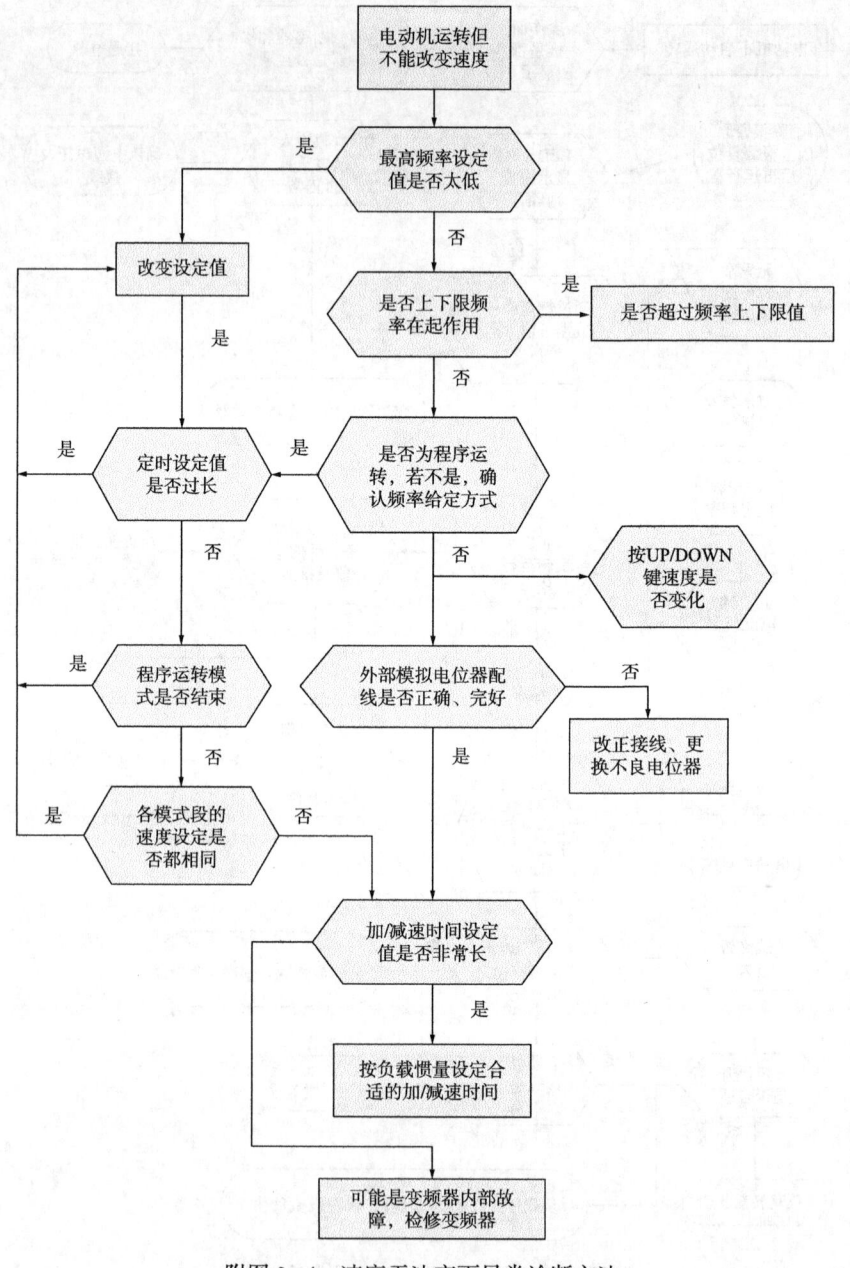

附图 3-4　速度无法变更异常诊断方法

五、电动机失速

电动机失速异常诊断方法如附图 3-5 所示。

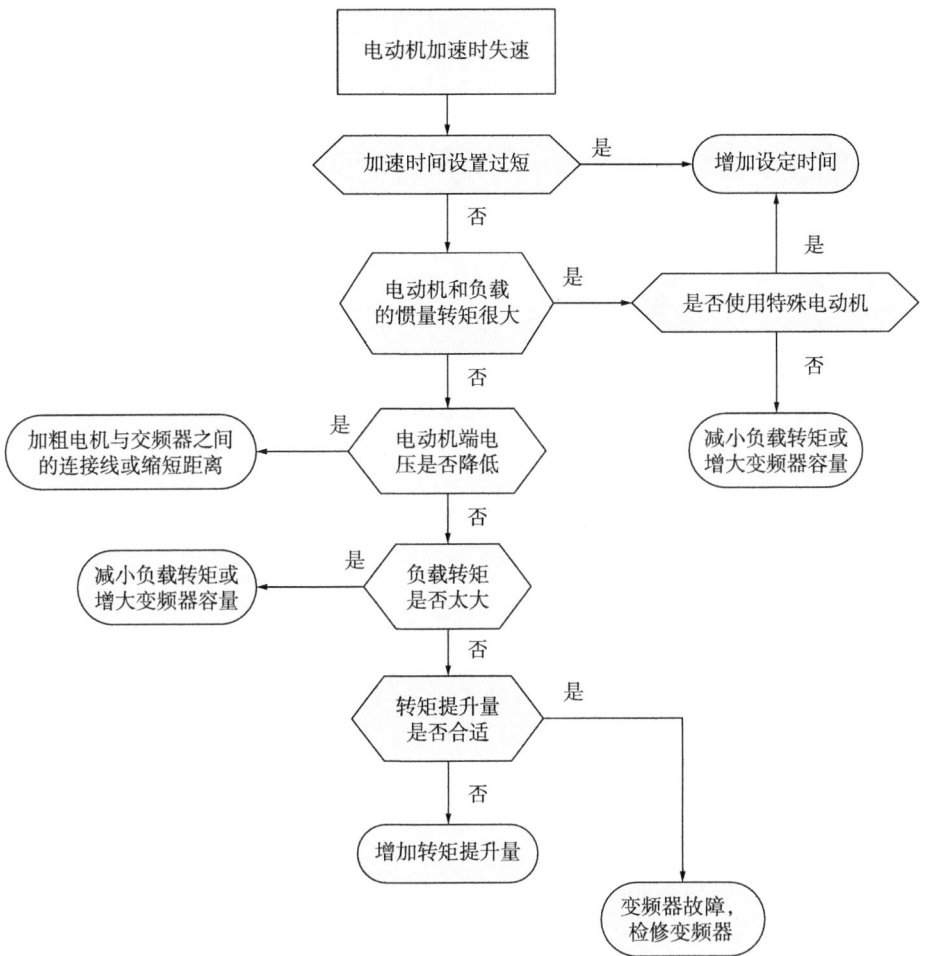

附图 3-5 电动机失速异常诊断方法

六、电动机异常

电动机异常诊断方法如附图 3-6 所示。

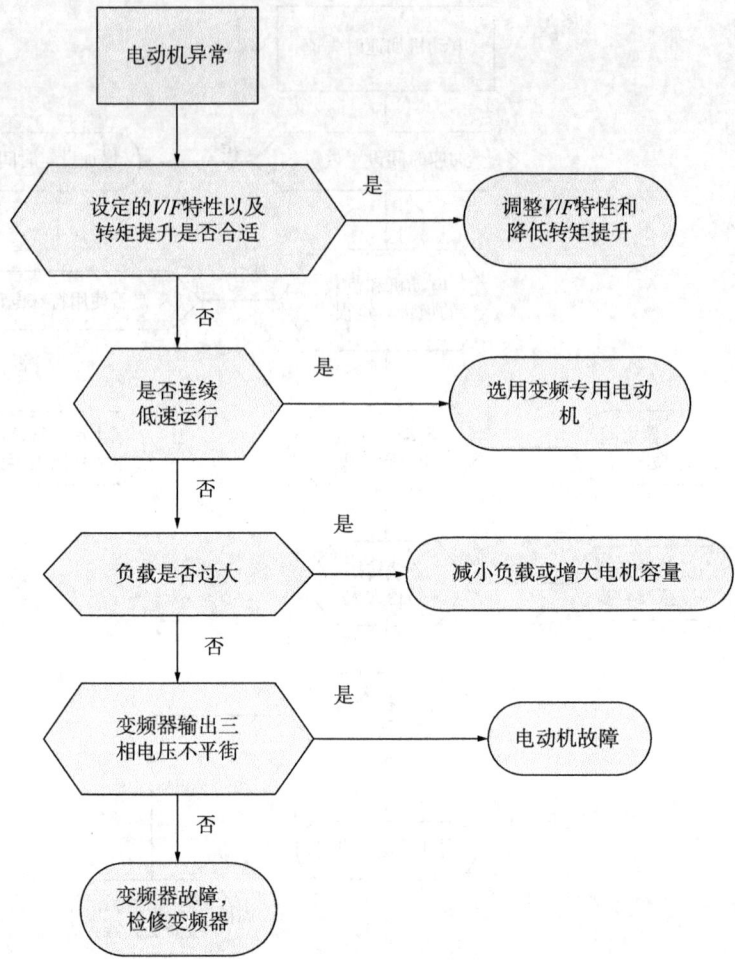

附图 3-6 电动机异常诊断方法

参考文献

[1] 孙克军. 零起步学变频技术. 北京：化学工业出版社，2020.

[2] 于宝水，姜平，田庆书. 图表详解变频器典型应用100例. 上册. 北京：机械工业出版社，2018.

[3] 于宝水，宋明利，李春辉. 图表详解变频器典型应用100例. 下册. 北京：机械工业出版社，2018.

[4] 中国石油天然气集团有限公司人事部. 电工. 青岛：中国石油大学出版社，2019.

[5] 咸庆信. 变频器电路维修与故障实例分析. 北京：机械工业出版社，2013.

[6] 王兆安，刘进军. 电力电子技术. 北京：机械工业出版社，2009.